ENQUÊTE

SUR LA

SITUATION DE L'AGRICULTURE

EN FRANCE

EN 1879

Faite à la demande de M. le Ministre de l'Agriculture et du Commerce

PAR LA

SOCIÉTÉ NATIONALE D'AGRICULTURE

Tome II. — 1er fascicule.

RÉSUMÉ DES RÉPONSES

PARIS

IMPRIMERIE ET LIBRAIRIE DE Mme Ve BOUCHARD-HUZARD

JULES TREMBLAY, GENDRE ET SUCCESSEUR

RUE DE L'ÉPERON, 5.

—

7 janvier 1880.

SOCIÉTÉ NATIONALE D'AGRICULTURE DE FRANCE

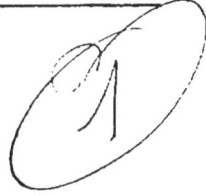

ENQUÊTE

SUR LA

SITUATION DE L'AGRICULTURE

EN FRANCE

EN 1879

Résumé des réponses faites par les
correspondants de la Société aux questions
qui leur ont été posées.

PARIS

IMPRIMERIE ET LIBRAIRIE DE Mme Ve BOUCHARD-HUZARD

JULES TREMBLAY, GENDRE ET SUCCESSEUR

RUE DE L'ÉPERON, 5.

1880

Dans sa séance du 3 décembre, la Commission spéciale (voir sa composition, page 6 du volume des Réponses), après un examen général des réponses données par 88 correspondants de la Société aux 12 questions contenues dans la lettre du 30 avril 1879, après avoir rendu hommage au travail approfondi dû à plusieurs des correspondants, a chargé M. le Secrétaire perpétuel de préparer un résumé des réponses faites à chacune des questions.

C'est ce résumé que l'on va trouver ici. Il a été lu à la Commission qui, après discussion, a successivement donné, par un vote spécial, son approbation à chaçun des chapitres.

CHAPITRE PREMIER

Quelle différence existe entre la période qui a précédé 1861 et la situation de l'agriculture dans les six années qui ont précédé 1879, en ce qui concerne la DIVISION DE LA PROPRIÉTÉ ?

Sur les **88** correspondants qui figurent à l'Enquête, **25** n'ont pas répondu à la question, **38** ont déclaré que la division de la propriété était plus grande maintenant qu'avant **1861**, **21** que la situation était la même, et **4** que, loin de s'accroître, la division était moindre, c'est-à-dire que les propriétés augmentaient d'étendue ou étaient moins nombreuses.

C'est évidemment une affaire de localités.

La majorité de ceux qui constatent une plus grande division de la propriété se plaignent surtout du morcellement exagéré provenant de la division de chaque pièce de terre dans les partages entre héritiers.

Si l'on passe en revue les réponses par régions, on trouve :

1° Pour la région du *Nord-Ouest* (Normandie), dans le Calvados et l'Eure, les correspondants disent qu'il n'y a pas de changements dans l'état de la propriété rurale; un correspondant de la Manche accuse une division plus grande; mais, pour la Seine-Inférieure, un correspondant affirme qu'il n'y a pas d'augmentation dans la division, tandis qu'un autre dit qu'elle est de plus en plus grande.

2° Dans la région de l'*Ouest* (Bretagne), il y a unanimité pour dire que la division de la propriété est croissante.

3° Pour la région du *Nord*, les correspondants du département du Nord disent que la situation est restée la même qu'avant 1861, et l'un ajoute que la propriété n'y est pas trop divisée. La même appréciation est donnée pour le département de la Somme. Quant à ceux du Pas-de-Calais, de l'Oise et de Seine-et-Marne, la division de la propriété suivrait sa marche normale, et cela sans inconvénients si le *parcellement* ne s'accroissait pas.

4° Pour la région du *Centre*, la division de la propriété augmenterait dans Loir-et-Cher, mais sans qu'on ait à s'en plaindre; elle ne présenterait pas de changements dans le Cher; elle augmenterait dans l'Indre, suivant un correspondant, mais elle n'y subirait pas de changements, suivant un autre. Elle serait poussée à ses dernières limites dans Indre-et-Loire.

5° Dans la région du *Nord-Est*, il y a unanimité pour dire que la division de la propriété présente aujourd'hui la même situation qu'avant 1861. Mais deux correspondants ajoutent, l'un pour la Marne, l'autre pour les Vosges, que le morcellement s'est accru et même est devenu excessif.

6° Pour la région de l'*Est*, les réponses sont très-diverses. Dans une partie de l'Ain et dans une partie de la Côte-d'Or, le morcellement est moindre, la propriété tend à se reconstituer. Ailleurs, au contraire, pour les mêmes départements, il y a une plus grande division de la propriété, surtout de la grande. Dans le Doubs et l'Yonne, les correspondants disent que la situation reste la même.

Mais pour le Jura, un correspondant affirme que la division de la propriété s'accroît et un autre que la situation reste la même.

7° Dans la région de l'*Ouest central*, les correspondants disent qu'il n'y a pas de changements entre ce qui se passe aujourd'hui et ce qui passait autrefois dans les départements de la Charente et de la Haute-Vienne; ils affirment une augmentation de division pour la Dordogne, la Vendée et la Vienne. En ce qui concerne la Charente-Inférieure, l'un dit que les choses suivent leur cours régulier, sans changements, un autre qu'il y a surtout augmentation du morcellement.

8° Pour la région du *Sud-Ouest*, la division de la propriété augmenterait dans les départements de l'Ariége et de la Haute-Garonne, mais il y aurait reconstitution dans celui de Lot-et-Garonne.

9° Dans la région du *Sud central*, la division de la propriété continue à s'accroître, d'après les correspondants de l'Aveyron, du Cantal, de la Creuse et du Lot. Toutefois, dans la partie montagneuse, la division se ferait beaucoup plus lentement que dans les vallées.

10° Pour la région de l'*Est central*, les correspondants de l'Ardèche et de la Haute-Loire disent que l'accroissement de la division de la propriété continue.

11° Dans la région du *Sud*, la réponse est la même en ce qui concerne les départements de l'Aude et du Var.

12° Pour la région du *Sud-Est*, les correspondants des Basses-Alpes, de la Drôme et de l'Isère accusent un accroissement de la division de la propriété. Dans les Hautes-Alpes, le phénomène contraire se produirait. Enfin, pour Vaucluse, tandis qu'un correspondant déclare qu'il n'y a pas, à ce point de vue, de changements dans le pays, un autre affirme que la propriété s'y divise de plus en plus.

En général, les correspondants qui constatent l'accroissement de la division de la propriété, attribuent le fait à la loi sur les successions. Les grands domaines paraissent devoir être désormais de moins en moins nombreux. Quand il y a reconstitution, il s'agit le plus souvent de moyennes propriétés. Dans l'ensemble, le nombre des petites propriétés s'accroît.

Le morcellement excessif des parcelles paraît n'être plus aussi considérable que par le passé.

CHAPITRE II

Quelle différence existe entre la période qui a précédé 1861
*et la situation de l'agriculture dans les six années qui
ont précédé* 1879, *en ce qui concerne la* PRODUCTION DES
CÉRÉALES ?

Sur 88, on compte 20 correspondants qui n'ont pas
répondu à la question. Quelques-uns parlent bien de la
production des céréales, mais c'est surtout de l'Amérique
qu'ils s'occupent. Or, il leur était demandé, avant tout, de
citer des faits positifs, des chiffres précis et bien contrôlés,
basés sur leurs observations personnelles.

20 correspondants ont constaté qu'il n'y avait pas de
changements dans la production considérée comme la résultante de deux facteurs, l'un l'étendue consacrée aux
céréales, l'autre le rendement par hectare. Dans plusieurs
cas, il y a diminution de l'étendue et augmentation proportionnelle de rendement, de telle sorte qu'en définitive
le total de la production n'a pas varié.

6 correspondants constatent la diminution de la surface
emblavée et accusent, en même temps, un accroissement

dans le rendement, mais sans conclure en ce qui concerne le résultat définitif.

Pour 14 correspondants, la diminution de la production est certaine.

Enfin, pour 28 correspondants, l'augmentation de la production est hors de doute, soit qu'elle provienne à la fois d'une augmentation de la surface emblavée et du rendement par hectare ; soit que, la surface étant restée la même, le rendement soit devenu plus considérable.

La conclusion qu'il faut tirer des réponses faites à la Société, c'est que la résultante générale est une augmentation incontestable dans l'étendue des terres consacrées aux céréales et surtout dans le rendement moyen par hectare, malgré quelques exceptions locales. Aucun correspondant n'a accusé une diminution dans le rendement.

Si l'on passe maintenant à l'étude des réponses faites pour les diverses régions, on trouve les résultats suivants :

Pour la première région du *Nord-Ouest*, il y a diminution de la production dans le Calvados. Il n'y a pas de changements dans l'Eure, et dans la Seine-Inférieure ; si l'étendue emblavée ne s'est pas modifiée, les rendements obtenus sont plus élevés.

Pour la deuxième région (*Ouest*), il y aurait diminution dans le département d'Ille-et-Vilaine. Dans le Morbihan, l'étendue emblavée aurait légèrement diminué ; mais, par contre, les moyennes obtenues par hectare ont augmenté environ d'un cinquième, de telle sorte que la production définitive serait un peu plus forte. Dans le Finistère, l'augmentation est certaine pour un de nos correspondants ; tandis que pour un autre la production serait stationnaire. Pour les Côtes-du-Nord, sur deux réponses, l'une n'accuse pas de changements dans la production, mais l'autre dit que la surface emblavée et le rendement se sont accrus tous deux.

Dans la troisième région (*Nord*), il y a unanimité pour

dire que, dans le Nord, le Pas-de-Calais, la Somme et l'Oise, il y a diminution de l'étendue emblavée en céréales, et en même temps augmentation du rendement, de telle sorte que la production pour les uns n'a pas subi de changements, et pour les autres s'est accrue notablement.

En ce qui concerne la quatrième région (*Centre*), la production n'a pas éprouvé de changements dans l'Indre et dans Indre-et-Loire ; s'il y a quelque part diminution d'étendue, en revanche il y a augmentation du rendement. Dans Loir-et-Cher, la diminution de la production serait certaine.

Dans la cinquième région (*Nord-Est*), les faits sont très-divers selon les départements. Dans la Meuse et les Vosges, nos correspondants disent qu'il n'y a pas de changements dans la production. Pour les Ardennes, un correspondant est aussi d'opinion que la production n'a pas changé ; mais un autre constate que s'il y a diminution de la superficie emblavée, l'augmentation du rendement est assez forte pour que, en définitive, il y ait accroissement de la production totale. Dans la Marne, un correspondant constate à la fois augmentation du rendement et de l'étendue emblavée, un autre accuse diminution dans la surface, mais rendement plus considérable. Pour le département de l'Aube, on constate une augmentation dans le rendement qui ne serait pas moindre d'un quart à un tiers en sus.

Pour la sixième région (*Est*), on trouve aussi des réponses un peu discordantes. Ainsi, pour la Côte-d'Or, deux correspondants disent que la production n'a pas changé, mais un troisième affirme qu'elle a augmenté. Dans l'Yonne, un correspondant est d'avis qu'elle n'a pas changé, mais un autre pense qu'elle a un peu diminué. Pour le Jura, un correspondant dit qu'il y a augmentation dans le rendement ; mais d'après un autre, il n'y a pas de changements. Dans le département de l'Ain, le rendement aurait augmenté pour la région des plateaux ; il serait resté le même pour la côtière.

Pour la septième région (*Ouest central*), la grande majorité des réponses est en faveur d'une augmentation dans la production. Cependant, un correspondant pour la Dordogne dit qu'elle est restée stationnaire. C'est aussi ce que pense un correspondant pour la Charente-Inférieure, mais trois autres disent qu'il y a eu du progrès et certainement augmentation dans le rendement, tandis que la surface est restée la même ou a légèrement diminué. Pour la Charente, la Vendée, la Vienne et la Haute-Vienne, l'accroissement de la production est manifeste.

Dans la huitième région (*Sud-Ouest*), ou bien il n'y a pas de changement (Lot-et-Garonne), ou bien il y a une diminution (Haute-Garonne).

En ce qui concerne la neuvième région (*Sud central*) l'augmentation paraît dominer. Cependant la diminution est constatée pour le département du Lot ; mais dans celui du Cantal, la production serait restée stationnaire. Au contraire, il y aurait augmentation dans la Creuse et dans l'Aveyron.

Pour la dixième région (*Est central*), il n'y aurait pas de changements (Haute-Loire et Ardèche) ; mais, dans ce dernier département, si la production est restée la même, ce serait par suite de deux mouvements en sens opposé, diminution de la surface et augmentation du rendement par hectare.

Pour la onzième région, la diminution de la production serait certaine dans l'Aude et la Corse, mais il y aurait augmentation de la culture du Blé dans le Var.

Enfin, pour la douzième région (*Sud-Est*), la majorité des réponses est en faveur d'une augmentation dans la production. Dans le département de la Drôme, il y aurait diminution ; dans ceux des Hautes-Alpes et de la Savoie, aucun changement ne se serait produit. Pour l'Isère, l'augmentation serait certaine dans la région des plaines, et, au contraire, dans la région montagneuse, il y aurait diminution. Dans le département des Basses-Alpes, un correspondant affirme qu'il y a augmentation ; mais, d'après un autre, il y a diminution. Dans le département de Vaucluse, l'augmentation en surface et en rendement est affirmée par les trois correspondants qui ont répondu à l'enquête.

Partout les correspondants disent que les assolements se sont heureusement modifiés dans le sens du progrès, que la jachère a diminué, que le Seigle a, dans beaucoup de lieux, fait place en partie au Froment, grâce à l'emploi de la chaux ou des amendements calcaires ; enfin tous affirment que les terres sont souvent mieux fumées et plus profondément labourées.

CHAPITRE III

Quelle différence existe entre la période qui a précédé 1861
*et la situation de l'agriculture dans les six années qui
ont précédé* 1879, *en ce qui concerne l'ÉLEVAGE, L'EN-
GRAISSEMENT ET LES PRODUITS DIVERS DES ANIMAUX DOMES-
TIQUES ?*

La question est complexe parce que les branches de la
production sont multiples.

Nous laissons d'abord de côté ceux de nos correspondants qui n'ont pas répondu à la question posée ou bien
qui, au lieu de s'occuper des faits qui se sont passés autour
d'eux depuis six ans et de les comparer à la situation antérieure à 1860, se sont mis à parler immédiatement des
craintes que leur suggère l'importation du bétail étranger
et surtout l'importation américaine. Ils sont au nombre
de 16.

Il reste donc 72 correspondants qui se sont préoccupés
réellement du problème qui leur a été posé. Sur ce nombre,
44 ont dit d'une manière générale que la production des
produits animaux était en grand progrès ; 5 qu'elle était

dans un état stationnaire, 6 qu'elle était en décroissance. Les autres, au nombre de 17, ont répondu pour quelques branches seulement de cette production.

Aucun n'a accusé une diminution dans l'espèce bovine. Si 5 correspondants ont dit que son élevage ne s'était pas accru, 3 d'entre eux ont déclaré que, par contre, l'engraissement était en grand progrès.

Pour l'espèce ovine, les choses se présentent tout autrement : 17 correspondants déplorent que les troupeaux de moutons aient considérablement diminué et 3 seulement affirment avoir constaté des progrès.

En ce qui concerne l'élevage de l'espèce porcine, le nombre de ceux qui affirment une diminution est de 8, tandis que 2 seulement ont constaté un accroissement.

Pour l'espèce chevaline, 5 correspondants estiment que des progrès assez considérables se sont produits.

L'immense majorité est d'avis que, pour la basse-cour, la laiterie, la fromagerie et pour la production du beurre, il y a des progrès notables. Ces branches de la production des fermes, qui étaient naguère insignifiantes, sont devenues très-importantes.

Si maintenant nous examinons les réponses région par région, nous trouvons :

1° Pour la région du *Nord-Ouest*, partout les spéculations animales, envisagées d'une manière générale, sont en grand progrès et ont amené une situation plus prospère. Il n'y a d'exception que pour Eure-et-Loir, où notre correspondant se borne à déplorer l'invasion du bétail étranger. — Dans le Calvados et la Manche, le progrès est affirmé, à cette restriction près que 1 correspondant, sur 4, se plaint de l'avilissement du prix des porcs. — Pour l'Eure, l'entretien des troupeaux de moutons aurait diminué d'environ un cinquième; l'élevage des autres animaux domestiques serait resté stationnaire, mais l'engraissement aurait augmenté d'un huitième. — Dans la Seine-

Inférieure, nos correspondants affirment que l'élevage et l'engraissement de l'espèce bovine sont en grand progrès, tandis que, en ce qui concerne l'espèce ovine, pour l'un il y a maintien, et pour l'autre, diminution, ainsi que dans l'entretien de l'espèce porcine.

2° Pour la région de l'*Ouest*, les correspondants des Côtes-du-Nord, du Finistère, d'Ille-et-Vilaine et du Morbihan, à l'exception de 1 sur 8, affirment un très-grand progrès dans l'élevage de l'espèce bovine; 3 disent que ce progrès doit être constaté à la fois dans le nombre et dans la qualité des animaux. — Dans le Morbihan, la production des animaux aurait doublé. Un correspondant, qui n'a pas répondu à la question, s'est borné à des plaintes sur les dangers de l'importation étrangère.

3° Dans la région du *Nord*, les réponses sont très-diverses. Dans l'Aisne, ce qui frappe surtout, c'est la diminution des moutons. — Pour le Nord, un des correspondants affirme que la situation n'a pas changé et un autre qu'il y a de grands progrès dans l'élevage. — Pour le Pas-de-Calais, un progrès croissant serait constaté en ce qui concerne l'entretien des animaux de l'espèce bovine, parallélement à une diminution dans celui des troupeaux de moutons. — Pour la Somme, il y aurait maintien de l'industrie chevaline, accroissement et progrès pour les étables de l'espèce bovine et les porcheries, diminution, au contraire, des bergeries. — Enfin, dans Seine-et-Marne, l'élevage et l'engraissement seraient en décadence depuis quinze ans.

4° *Région du Centre.* — Il y a unanimité pour dire que, dans le Cher, l'Indre, Indre-et-Loire et Loir-et-Cher, il y a de grands progrès pour tous les produits animaux, surtout en ce qui concerne l'élevage. Toutefois, dans Indre-et-Loire, l'entretien de l'espèce porcine s'annulerait de plus en plus.

5° *Région du Nord-Est.* — Les progrès de l'élevage, surtout de l'espèce bovine, sont généraux. Au contraire, il y aurait diminution notable en ce qui concerne l'espèce ovine, surtout dans les Ardennes et dans la Marne. L'élevage des chevaux est en progrès dans les Ardennes. — Dans l'Aube, d'après notre correspondant, l'augmentation sur l'élevage et l'engraissement des animaux domestiques serait d'un tiers en plus sur la période qui a précédé 1860.

6° *Région de l'Est.* — Les progrès généraux dominent dans la région. Cependant, dans l'Yonne, l'état de la production animale resterait stationnaire. — Pour le Doubs et la Côte-d'Or, l'élevage restant stationnaire, l'engraissement serait en progrès. — Dans l'Ain et le Jura, le progrès de la production animale est signalé sans aucune restriction. — On signale, dans la Côte-d'Or, un progrès de l'industrie chevaline.

7° *Région de l'Ouest central.* — Dans tous les départements des progrès sont signalés et ils sont surtout accentués en ce qui concerne l'élevage de l'espèce bovine. Des exceptions sont faites pour les moutons dans les départements de la Charente-Inférieure et de la Vienne. — Une plus grande prospérité pour l'industrie chevaline est signalée dans la Charente, dans la Vendée et dans la Vienne. — Dans la Haute-Vienne, l'augmentation de la production animale serait de 15 pour 100 dans son ensemble.

8° *Région du Sud-Ouest.* — Les progrès de l'entretien du bétail sont généraux. Une exception est faite pour l'espèce ovine dans Lot-et-Garonne.

9° *Région du Sud central.* — Nos correspondants sont unanimes à affirmer des progrès remarquables pour l'élevage dans l'Aveyron, le Cantal et la Creuse, surtout en ce qui concerne l'espèce bovine. — Des craintes sont manifestées en ce qui concerne l'avenir de l'élevage des moutons et des porcs dans l'Aveyron, et si l'élevage de l'espèce bovine y est en faveur, son engraissement reste stationnaire. — Au contraire, dans le département du Lot, ce serait l'élevage qui demeurerait stationnaire, tandis qu'il y aurait des progrès notables dans l'engraissement.

10° *Est central.* — Il y a progrès dans l'entretien de

2

l'espèce bovine, état stationnaire ou diminution pour les autres espèces d'animaux domestiques.

11° *Région du Sud.* — La production animale y subirait une diminution générale.

12° *Région du Sud-Est.* — La situation est différente suivant les départements. Dans la Drôme, progrès de l'engraissement du bétail. Il y a, à la fois, progrès de l'élevage et de l'engraissement dans l'Isère. Dans les Hautes-Alpes, le progrès est accusé, excepté en ce qui concerne les troupeaux de moutons et la production de la laine. Pour les Basses-Alpes, un de nos correspondants affirme un accroissement dans l'élevage et l'engraissement; un autre, sans parler de l'espèce bovine, déplore la décadence des bergeries et des porcheries. Dans la Savoie, il y aurait progrès pour l'espèce bovine, mais état stationnaire des autres spéculations animales. Pour Vaucluse, deux correspondants affirment la décadence, mais un troisième dit qu'il y a quelque progrès dans l'entretien des animaux domestiques.

La résultante générale de l'Enquête, en ce qui concerne le bétail, est une amélioration très-notable dans la production de l'espèce bovine, augmentation dans l'espèce chevaline, accroissement dans les produits de la basse-cour, mais, au contraire, une diminution certaine dans la population ovine et dans la population porcine.

CHAPITRE IV

Quelle différence existe entre la période qui a précédé 1861
*et la situation de l'agriculture dans les six années qui
ont précédé* 1879, *en ce qui concerne la* PRODUCTION DES
PLANTES INDUSTRIELLES ?

La question posée aux correspondants portait sur des
cultures très-variées, puisque, en France, on fait à la fois
des Vignes, des Betteraves à sucre, du Houblon, du Tabac,
des plantes textiles, telles que le Chanvre, le Lin et le Mûrier; des plantes oléagineuses, comme le Colza, l'Œillette,
la Navette et surtout l'Olivier, etc.

Cependant, 25 de nos correspondants n'ont pas donné
de réponses. 5 ont répondu d'une manière générale que
la culture des plantes industrielles était restée stationnaire
et 1 qu'elle était, au contraire, en décroissance. Les autres
ont fourni des détails que l'on peut résumer ainsi qu'il
suit :

Pour la Vigne, 24 correspondants affirment qu'il y a
extension de sa culture, malgré les menaces ou même les
atteintes du phylloxera; 9 seulement disent qu'il y a une

diminution et même, pour un petit nombre, presque une suppression de culture, par suite des désastres dus au funeste insecte ; pour 5 correspondants seulement, l'état des vignobles reste stationnaire.

En ce qui concerne la culture des Betteraves à sucre, elle n'a pas cessé de prendre du développement, d'après 15 correspondants, mais 2 affirment qu'elle a diminué.

Pour le Houblon, on essaie à en accroître ou à en transporter la culture dans divers pays, d'après 4 de nos correspondants ; mais 2 allèguent qu'elle est vue avec moins de faveur.

En ce qui concerne l'élevage des vers à soie ou la multiplication du Mûrier, deux choses qui sont corrélatives, 14 correspondants affirment une décroissance qu'aucune déposition contraire ne contredit.

Pour les plantes textiles et oléagineuses annuelles, 18 réponses affirment une diminution de plus en plus forte et une seule parle de quelque extension.

Pour la culture de l'Olivier, ceux qui parlent d'une extension, d'une diminution ou d'un état stationnaire, se balancent par nombres égaux, ce qu'on ne peut expliquer que par une sorte de compensation entre les nouvelles plantations et les arrachages.

Ceux de nos correspondants qui s'occupent du Tabac, regardent sa culture comme stationnaire, mais ils voudraient que l'administration des manufactures de l'État lui donnât plus d'extension.

Un correspondant signale l'extension des oseraies. Plusieurs citent de nombreuses plantations de Pommiers et accroissement de la production fruitière en général.

Nous allons maintenant passer à l'examen successif des réponses faites pour chacune des régions.

1° *Région du Nord-Ouest.* — Dans le département de l'Eure, on cultive maintenant dix fois plus de Betteraves à sucre qu'avant 1860. Il en serait de même dans la Seine-

Inférieure d'après un de nos correspondants, mais un autre affirme une diminution ; les deux mêmes correspondants sont aussi en désaccord pour la culture du Colza, mais ils disent ensemble que le Lin est maintenant moins cultivé. En ce qui concerne les cultures diverses, un correspondant accuse un très-grand accroissement pour la plantation du Pommier dans le Calvados, et un correspondant dit que, dans la Seine-Inférieure, la culture du Houblon diminue.

2° *Région de l'Ouest.* — Les cultures industrielles dont il est question pour cette région, sont le Lin, le Chanvre et le Colza. A une exception près pour ce qui concerne le Chanvre dont la culture, dans les Côtes-du-Nord, serait stationnaire, il y a décroissance. Dans le Morbihan, la situation serait la même qu'avant 1860.

3° *Région du Nord.* — La culture de la Betterave a pris une plus grande extension, sans contestation, dans le Pas-de-Calais, la Somme et Seine-et-Marne ; en ce qui concerne le Nord, un de nos correspondants affirme un accroissement, tandis qu'un autre estime une diminution. Il y a à peu près unanimité pour dire que les cultures du Lin, du Chanvre et du Colza sont en décroissance. Pour l'Œillette, la culture serait stationnaire.

4° *Région du Centre.* — Dans cette région, on voit apparaître, avec quelque importance, la culture de la Vigne. D'après nos correspondants, elle a pris de l'extension, surtout dans les départements de l'Indre, d'Indre-et-Loir et de Loir-et-Cher. La culture de la Betterave s'accroît dans le Cher ; celle des plantes oléagineuses ou textiles diminue dans Loir-et-Cher.

5° *Région du Nord-Est.* — On a augmenté l'étendue du vignoble dans la Marne et dans les Vosges ; on fait aussi plus de Betteraves à sucre dans les Ardennes, dans les Vosges et dans la Marne. La culture du Colza est en décroissance dans les Ardennes et la Marne. Notons encore que, dans les Ardennes, la culture du Houblon a diminué, mais qu'on y récolte de plus en plus des Osiers.

6° *Région de l'Est.* — Dans l'Ain, la Côte-d'Or et l'Yonne, le vignoble a pris une plus grande étendue; dans le Doubs, il n'a éprouvé aucun changement; dans le Jura, il aurait pris de l'extension, d'après un de nos correspondants, et la culture de la Vigne y serait restée stationnaire d'après un autre. La culture de la Betterave s'est implantée dans une partie de la Côte-d'Or et on y fait aussi du Houblon avec quelque profit; dans certaines parties de ce département, la culture du Colza serait prospère.

7° *Région de l'Ouest central.* — La culture de la Vigne est restée stationnaire dans une grande partie de la Charente-Inférieure, d'après 3 de nos correspondants; mais elle diminue dans une autre partie de ce département, d'après un quatrième correspondant. Elle diminue dans la Charente et dans la Dordogne sous le coup des atteintes du phylloxera. Elle a pris un peu d'extension dans la Vienne. — La culture de la Betterave prend de l'accroissement dans la Vienne et tend à s'implanter dans la Charente-Inférieure. La culture du Chanvre s'accroît dans la Vienne, mais celle du Colza et de la Navette y diminue.

8° *Région du Sud-Ouest.* — Dans l'Ariége, la Haute-Garonne, le Gers et Lot-et-Garonne, il y a eu extension de la culture de la Vigne. La culture du Houblon a fait son apparition dans Lot-et-Garonne. Il y a, dans la Haute-Garonne, diminution de la culture du Colza et également diminution de la sériciculture.

9° *Région du Sud central.* — Les cultures industrielles n'ont pas éprouvé de changements dans la Creuse et le Cantal. D'après un de nos correspondants de l'Aveyron, elle serait restée dans un état stationnaire; mais, d'après un autre, la Vigne aurait pris dans le département quelque extension, alors que les cultures du Colza et du Mûrier auraient diminué. — Dans le Lot, le vignoble aurait pris plus d'étendue, mais on arracherait les Mûriers. Quant à la culture du Tabac, elle serait restée dans le même état.

10° *Région de l'Est central.* — La culture de la Vigne s'est étendue dans la Haute-Loire, mais elle a diminué dans l'Ardèche. Dans ce dernier département, on entretient aussi moins de Mûriers. — Dans la Haute-Loire, la culture de la Betterave a pris de l'accroissement.

11° *Région du Sud.* — Le vignoble s'est considérablement développé dans l'Aude, où, par contre, ont diminué les plantations de Mûriers et d'Oliviers. Toutes les cultures industrielles sont restées stationnaires en Corse. — Dans une partie du Var, la Vigne a beaucoup diminué ; sa culture, quant à l'étendue, n'a pas changé dans l'autre partie. Mais partout on y fait moins de vers à soie. Quant aux plantations d'Oliviers, elles se maintiennent sans changements notables.

12° *Région du Sud-Est.* — Les vignobles ont diminué d'étendue dans les Basses-Alpes, dans la Drôme, dans Vaucluse. Ils ont pris de l'extension, au contraire, dans l'Isère, les Hautes-Alpes et la Savoie. Dans tous ces départements, la culture du Mûrier a diminué et généralement il en est de même de toutes les cultures industrielles. La Garance a disparu de Vaucluse ; on cultive moins de Chanvre dans l'Isère. Seules, les cultures d'Oliviers ont pris quelque extension dans Vaucluse.

En résumé, sauf la Betterave à sucre, qui s'est développée considérablement depuis 1860, sauf aussi la Vigne, qui avait fait de grands progrès dans la même période, avant l'invasion du phylloxera, et qui a même continué, dans beaucoup de lieux, à s'accroître en étendue malgré le fléau, sauf enfin les plantations d'Oliviers qui se maintiennent et les cultures fruitières, la plupart des cultures industrielles sont en souffrance.

CHAPITRE V

Quelle différence existe entre la période qui a précédé 1861 et la situation de l'agriculture dans les six années qui ont précédé 1879, en ce qui concerne la PRODUCTION FORESTIÈRE ?

Sur cette question, 40 seulement de nos correspondants ont répondu.

19 ont dit que la production forestière est en progrès. 14 qu'elle est restée stationnaire et 7 qu'elle a diminué.

Sur les 48 correspondants qui n'ont pas répondu, plusieurs ont motivé leur abstention par le peu d'importance des bois et des forêts dans leurs localités.

Quelques détails sur les diverses régions que nous allons parcourir expliqueront davantage les faits.

1° *Région du Nord-Ouest.* — Dans l'Eure et la Seine-Inférieure, la production forestière ne présente pas de changements.

2° *Région de l'Ouest.* — Pour les Côtes-du-Nord et l'Ille-et-Vilaine, nos correspondants disent que la situation forestière est restée la même; mais une plus grande prospérité est accusée pour le Morbihan.

3° *Région du Nord.* — Dans le Pas-de-Calais, si l'étendue forestière est restée à peu près la même, les produits de l'exploitation donnent de meilleurs résultats. Dans la Somme, la tendance au défrichement, que l'on constatait autrefois, a cessé et elle est même remplacée par d'assez fortes replantations. Dans l'Oise, la production forestière a augmenté de valeur, sauf en ce qui concerne les écorces.

4° *Région du Centre.* — Dans Indre-et-Loire, le domaine forestier a un peu augmenté. Dans Loir-et-Cher, la production des forêts prend chaque jour plus d'extension et devient plus rémunératrice.

5° *Région du Nord-Est.* — Dans les Vosges, l'étendue du domaine forestier n'a pas changé, mais il donne lieu à une exploitation plus avantageuse. La production forestière a également augmenté dans les Ardennes et dans la Marne. Pour ce dernier département, la tendance au déboisement, qu'on constatait autrefois, a disparu.

6° *Région de l'Est.* — Il y a augmentation de la production forestière dans les départements de l'Yonne, de la Côte-d'Or et de l'Ain. La situation est la même dans le Doubs et dans le Jura, mais avec une tendance à un revenu plus considérable des propriétés boisées.

7° *Région de l'Ouest central.* — La production forestière est presque nulle dans la Charente-Inférieure et dans la Vendée; elle ne présente pas aujourd'hui de changements avec l'état antérieur à 1860. La situation est également la même dans la Charente. La production forestière est plus prospère dans la Vienne.

8° *Région du Sud-Ouest.* — On constate une diminution de la production forestière dans Lot-et-Garonne.

9° *Région du Sud central.* — La production forestière a augmenté dans la Creuse et dans le Cantal. Elle n'a pas varié dans le Lot. Sur les réponses de 3 correspondants de l'Aveyron, l'une affirme que la production forestière n'a pas éprouvé de changements, une deuxième qu'elle est en diminution, une troisième qu'elle présente un peu d'augmentation.

10° *Région de l'Est central.* — La production forestière aurait diminué dans la Haute-Loire.

11° *Région du Sud.* — Compensation faite des déboisements et des reboisements, la situation du domaine et de la production des forêts est restée la même dans le Var. L'exploitation serait devenue moins avantageuse en Corse.

12° *Région du Sud-Est.* — Dans la Savoie et dans l'Isère, la production forestière est en progrès. D'après nos correspondants des Basses-Alpes et de Vaucluse, dans ces deux départements, il y aurait, pour les uns, stagnation dans la production forestière, pour les autres, diminution et, pour d'autres enfin, augmentation ; mais tous s'accordent à dire qu'une production naguère méconnue, celle des Truffes, a pris une extension croissante, maintenant devenue assez considérable.

En résumé, il est manifeste que, dans son ensemble, la production forestière est devenue plus avantageuse et qu'il y a une tendance notable à augmenter l'étendue plantée en bois.

CHAPITRE VI

Quelle différence existe entre la période qui a précédé 1861
*et la situation de l'agriculture dans les six années qui
ont précédé* 1879, *en ce qui concerne les* INDUSTRIES
AGRICOLES ?

Les industries agricoles qui peuvent être annexées aux
exploitations rurales, et dont la plupart sont établies dans
la campagne, sont assez diverses en France, puisqu'elles
embrassent les sucreries, les distilleries, les féculeries, les
brasseries, les minoteries, les huileries, les magnaneries,
les fromageries, les tanneries, les pelleteries, etc. Elles ont
subi des chances très-diverses pendant les vingt dernières
années. Beaucoup ont pris une plus grande activité après
1860 ; mais, quelques années après, elles ont éprouvé
une décadence prononcée.

27 correspondants n'ont fait aucune réponse à la question qui les concernait, mais 61 ont donné des indications
que nous allons résumer en prenant successivement chacune des régions.

1° *Région du Nord-Ouest.* — De grandes sucreries ont

été établies dans le département de l'Eure, ainsi que plusieurs petites distilleries; elles se sont maintenues. Dans la Seine-Inférieure, les distilleries de Betteraves sont en souffrance; il ne s'est fondé qu'une sucrerie qui s'est maintenue à Dieppe. La distillation des marcs de Pommes prospère dans la Manche. L'industrie de la fromagerie est prospère dans le Calvados et dans la Seine-Inférieure.

2° *Région de l'Ouest.* — Il y a, dans cette région, peu d'industries agricoles. Le teillage mécanique du Lin a diminué dans le département des Côtes-du-Nord, mais le département compte une belle huilerie très-prospère. La papeterie de paille s'est établie avec succès dans le Morbihan.

3° *Région du Nord.* — Les sucreries et les distilleries de Betteraves, après avoir présenté une certaine prospérité qni les a fait beaucoup augmenter dans le Nord, le Pas-de-Calais, l'Aisne, Seine-et-Marne, l'Oise, ont éprouvé de fortes crises. La sucrerie s'est relevée, de temps à autre, à un assez haut degré de prospérité, pour retomber ensuite. Les mouvements d'alternative qu'elle a rencontrés ont été en rapport avec les prix du sucre et le régime fiscal auquel cette denrée a été soumise. Les distilleries sont en décadence depuis **1868**; la féculerie, dans le département de l'Oise, a passé par des alternatives de prospérité et de gêne. La fromagerie a fait des progrès notables dans ce département.

4° *Région du Centre.* — Il y a très-peu d'industries agricoles dans le Cher, l'Indre, Indre-et-Loire et Loir-et-Cher. Les créations de distilleries et de sucreries qui ont été tentées ne prospèrent pas.

5° *Région du Nord-Est.* — L'industrie de la féculerie se maintient dans les Vosges. Toutes les industries agricoles sont en souffrance dans les Ardennes. La minoterie se soutient dans la Marne. Les huileries y sont en souffrance; les brasseries sont assez prospères.

6° *Région de l'Est.* — Dans le département de l'Ain, il n'y a pas d'autres industries agricoles que quelques petites huileries assez prospères. Dans la Côte-d'Or, une sucrerie a été fondée qui a fait disparaître autour d'elle les distilleries de Betteraves. Les huileries, la fabrication de la moutarde, les fromageries s'y sont établies avec succès. Dans le Doubs et dans le Jura, les fromageries sont de plus en plus prospères et enrichissent la montagne. Les industries agricoles sont nulles dans l'Yonne.

7° *Région de l'Ouest central.* — Les industries agricoles sont assez rares dans la région. Les distilleries de vins ont beaucoup diminué dans la Charente et une partie de la Charente-Inférieure. Dans ce dernier département, on signale la création de l'industrie fromagère et des tentatives pour introduire des sucreries. Dans la Vienne, les tanneries, les mégisseries et les fabriques de peaux d'oies se maintiennent. Dans la Vendée et la Haute-Vienne, les industries agricoles manquent.

8° *Région du Sud-Ouest.* — Dans l'Aveyron, la fabrication des fromages, surtout de ceux de Roquefort, s'étend et est prospère. L'industrie fromagère est également en voie de prospérité dans le Cantal et dans la Creuse. Dans ce dernier département, les huileries se soutiennent, et même quelques distilleries. Dans le Lot, plusieurs petites magnaneries ont pu se maintenir.

10° *Région de l'Est central.* — Dans l'Ardèche, la sériciculture est en ruine. Dans la Haute-Loire, la fromagerie est en progrès ; les huileries se soutiennent,

11° *Région du Sud.* — Dans l'Aude, les magnaneries ont à peu près disparu. La distillation des marcs de raisin s'est maintenue ; la fabrication des verdets a diminué. Dans le Var, les huileries et les magnaneries sont en grande souffrance, les tanneries se soutiennent. En Corse, les huileries sont prospères, et des distilleries nouvellement créées paraissent avoir du succès.

12° *Région du Sud-Est.* — Les moulins à garance chôment dans Vaucluse et dans les Basses-Alpes. Les magnaneries, les moulinages, les filatures sont en souffrance dans les Hautes et Basses-Alpes, dans la Drôme, dans l'Isère, dans Vaucluse. Dans ce dernier département, on cherche à remplacer les usines à garance par des féculeries, des amidonneries et même par une fabrique à broyer la ramie. Les huileries se maintiennent. La minoterie est en souffrance dans une partie des Basses-Alpes. Les fromageries ont été très-prospères en Savoie, sauf en 1878.

En résumé, les seules industries agricoles qui se maintiennent d'une manière générale sont : les sucreries, les huileries, les féculeries, les brasseries, les tanneries et toutes celles qui travaillent les peaux. Les fromageries sont en pleine prospérité. La propagation des associations dites fruitières a fait un bien considérable.

CHAPITRE VII

Quelle différence existe entre la période qui a précédé 1861
*et la situation de l'agriculture dans les six années qui
ont précédé* 1879, *en ce qui concerne l'*OUTILLAGE AGRI-
COLE, LE DRAINAGE, LES IRRIGATIONS ET LES AUTRES AMÉ-
LIORATIONS FONCIÈRES ?

En ce qui concerne cette question, 20 correspondants
n'ont pas donné de réponses; mais 67 se sont expliqués
sur l'outillage agricole, 30 sur le drainage et 29 sur les
irrigations.

Sur aucun de ces points, il n'a été allégué qu'il y avait
quelque part diminution ou marche en arrière.

3 correspondants seulement ont dit que l'outillage était
resté le même; mais 64 ont accusé des progrès plus ou
moins considérables, quelques-uns même des progrès immenses.

Pour le drainage, sur 30 réponses, 16 correspondants
ont accusé des progrès plus ou moins rapides, 14 un état
stationnaire, quelques-uns en faisant remarquer qu'une
fois les travaux de drainage effectués, on n'a plus à les re-

prendre, de telle sorte que si quelque part les travaux ont été, dans le passé, tout à coup considérables, il doit en résulter que, dans l'avenir, ils soient plus lents. Ce qui est fait est fait : on ne recommence pas les travaux bien exécutés.

Relativement aux irrigations, sur 29 réponses, 21 affirment des progrès continus et 8 un état stationnaire. Le développement des irrigations est loin d'avoir pris l'importance qui lui appartient.

Nous allons maintenant examiner la situation de chaque région en ce qui concerne ces trois grands moyens d'amélioration de l'agriculture.

1° *Région du Nord-Ouest.* — Nos correspondants sont unanimes pour déclarer que l'outillage agricole s'est beaucoup perfectionné dans tous les départements de la région. — Ils disent tous qu'on n'y fait encore que peu d'irrigations. — Il y a quelques progrès dans les travaux de drainage des départements de l'Eure et de la Seine-Inférieure.

2° *Région de l'Ouest.* — L'outillage agricole s'est augmenté et amélioré dans les départements des Côtes-du-Nord, du Finistère, d'Ille-et-Vilaine et du Morbihan. — La plupart de nos correspondants se taisent en ce qui concerne le drainage. Un de nos correspondants des Côtes-du-Nord dit qu'il est délaissé dans ce département. — Les irrigations sont encore à l'état rudimentaire dans la région ; cependant, d'après un de nos correspondants, le Finistère présente quelques irrigations nouvelles et on y trouve aussi plusieurs travaux de desséchement.

3° *Région du Nord.* — Le matériel des fermes, tant pour l'intérieur que pour l'extérieur, s'est accru et amélioré dans les départements du Nord, de l'Oise, du Pas-de-Calais, de la Somme et de Seine-et-Marne. — Les travaux de drainage se sont développés avec succès dans le Nord et dans Seine-et-Marne ; il y en a eu quelques nouveaux dans le Pas-de-Calais. Le département de l'Oise ne paraît pas présenter de changements depuis 1860 à cet égard ; il est aussi resté stationnaire en ce qui concerne les irrigations. On a créé quelques prés nouveaux à l'arrosage dans le Pas-de-Calais.

4° *Région du Centre.* — Tous nos correspondants sont d'accord pour signaler une amélioration des instruments agricoles dans le Cher, l'Indre, Indre-et-Loire et Loir-et-Cher. Mais le drainage n'y a pas fait de progrès ; les irrigations se sont un peu perfectionnées et étendues dans Loir-et-Cher.

5° *Région du Nord-Est.* — Dans les Ardennes, l'Aube, la Marne, la Meuse et les Vosges, le matériel agricole s'est amélioré et a même présenté une sorte de transformation. — On ne signale des progrès dans les travaux de drainage et dans ceux d'irrigation que pour le département de la Marne.

6° *Région de l'Est.* — L'unanimité est complète pour affirmer que l'outillage agricole s'est transformé depuis 1860 dans les départements de l'Ain, de la Côte-d'Or, du Doubs, du Jura et de l'Yonne. — Il y a quelques travaux de drainage, avec des progrès plus ou moins marqués, dans les départements de l'Ain, de la Côte-d'Or et du Jura. — Les irrigations sont appréciées et se font aussi avec des succès certains, mais avec une initiative parfois trop molle dans les départements de l'Ain, de la Côte-d'Or et du Jura.

7° *Région de l'Ouest central.* — Ici encore l'unanimité est complète pour signaler l'amélioration et l'augmentation constante des instruments agricoles dans les départements de la Charente, de la Charente-Inférieure, de la Dordogne, de la Vendée, de la Vienne et de la Haute-Vienne. — On ne signale quelques progrès pour les travaux de drainage et d'irrigation que dans les départements de la Charente, de la Dordogne, de la Vendée et de la Haute-Vienne.

8° *Région du Sud-Ouest.* — Nos correspondants de la Haute-Garonne, du Gers et de la Haute-Garonne constatent des progrès marqués dans la construction et l'emploi des instruments agricoles. — Notre correspondant de Lot-et-Garonne estime que si l'on draine moins aujourd'hui qu'avant 1860, c'est qu'il y a désormais moins de terres à drainer.

9° *Région du Sud central.* — La même unanimité que dans les régions précédentes se trouve pour déclarer que le matériel agricole s'est amélioré dans l'Aveyron, le Cantal, la Creuse et le Lot. — Des travaux de drainage, pratiqués avec intelligence, continuent dans l'Aveyron, le Cantal et la Creuse. — Les irrigations du Cantal sont fortement en progrès. On estime que le département du Lot n'a pas besoin de drainage et on y fait quelques essais d'irrigation.

10° *Région de l'Est central.* — Les instruments d'agriculture se sont perfectionnés dans la Haute-Loire, mais le drainage et les irrigations y sont fort peu pratiqués.

11° *Région du Sud.* — Dans cette région, la mécanique agricole n'a pas encore éprouvé le grand changement qui s'est manifesté ailleurs. Dans le Var, l'emploi des instruments est très-restreint; il présente quelques progrès dans l'Aude, mais il est resté à l'état primitif dans la Corse. — Quelques travaux de drainage se font en Corse. — Les irrigations sont en progrès dans les départements de l'Aude, du Var et de la Corse.

12° *Région du Sud-Est.* — Les instruments d'intérieur et d'extérieur de ferme se sont perfectionnés et augmentés dans la Drôme, l'Isère, la Savoie et Vaucluse. Dans les Basses-Alpes et dans les Hautes-Alpes, l'état est stationnaire, si l'on peut dire qu'il s'y trouve de la mécanique agricole; cependant il y a une tendance au progrès. — Le drainage n'a commencé à être employé que depuis peu de temps dans les Basses-Alpes, l'Isère et Vaucluse, et il est encore peu usité. — Les irrigations sont en progrès dans toute la région où l'on réclame l'extension des canaux.

En résumé, tous les instruments d'agriculture se sont

heureusement modifiés et perfectionnés depuis vingt ans. Les machines à battre se sont surtout augmentées d'une façon remarquable, il ne reste plus qu'un très-petit nombre de départements où elles ne soient pas absolument prédominantes dans les exploitations rurales. Les machines à faucher les prairies ou à couper les moissons se sont multipliées d'une manière très-remarquable durant les dernières années. Les charrues se sont transformées, ainsi que les herses. On emploie aussi de plus en plus des scarificateurs, des houes et des râteaux à cheval, des machines à faner, des hache-paille, des coupe-racines, des trieurs, instruments dont l'usage était, pour la plupart, tout à fait exceptionnel avant 1860. Les semoirs se multiplient également, quoique d'une manière moins rapide. Le nombre des machines à vapeur, fixes ou surtout locomobiles, dont on se sert dans les fermes et les métairies, s'est accru beaucoup plus vite qu'on n'avait pu l'espérer. En fin de compte, l'agriculture française a, pour ainsi dire, renouvelé son matériel agricole dans les vingt dernières années.

CHAPITRE VIII

Quelle différence existe entre la période qui a précédé 1861
*et la situation de l'agriculture dans les six années qui
ont précédé* 1879, *en ce qui concerne le* FUMIER ET LES
ENGRAIS COMMERCIAUX ?

L'étude de l'emploi des matières fertilisantes est certainement un des meilleurs moyens de se rendre compte des progrès de l'agriculture.

24 seulement parmi nos correspondants n'ont pas répondu à la double question de savoir si, dans ces dernières années, la fabrication et l'usage du fumier présentaient des différences avec les pratiques antérieures à l'année 1860 et si l'on se servait davantage des engrais commerciaux aujourd'hui qu'il y a vingt ans.

Il est arrivé 59 réponses en ce qui concerne les engrais divers et 39 sur l'emploi du fumier.

Les 39 correspondants qui se sont expliqués sur l'usage du fumier se départagent ainsi : 27 ont déclaré qu'on faisait plus de fumier et qu'on le préparait mieux, 10 que la production et l'usage du fumier étaient stationnaires,

2 enfin qu'au lieu de progrès il y avait recul. Une majorité considérable est donc en faveur d'un progrès certain.

En ce qui concerne les engrais commerciaux, guano, tourteaux, phosphates, sulfate d'ammoniaque, nitrate de soude, débris animaux de tous genres, matière des vidanges, cendres, engrais de mer, etc., sur les 59 réponses, il y en a 53 qui affirment un progrès, 5 un état stationnaire et 1 seulement une diminution de l'emploi. L'immense majorité est donc pour affirmer un progrès très-marqué; quelques-uns cependant se plaignent que les fraudes du commerce et les falsifications qu'on fait subir aux engrais en ralentissent la fréquence de l'emploi.

L'étude rapide des réponses par régions complétera ce résumé.

1° *Région du Nord-Ouest.* — Nos correspondants ne s'expliquent pour le fumier qu'en ce qui concerne le département de la Seine-Inférieure. L'un dit que sa production n'a pas éprouvé de changement, un autre qu'elle a diminué, en raison de la décroissance de l'élevage du mouton. — Dans l'Eure, l'emploi des engrais commerciaux se serait accru d'un vingtième; leur usage serait encore à l'état d'exception dans la Manche. Dans la Seine-Inférieure, nos correspondants sont d'accord pour dire que l'agriculture se sert de plus en plus des engrais chimiques, des phosphates, du guano et du phospho-guano, des tourteaux, du noir animal, de l'engrais humain (notamment dans l'arrondissement de Dieppe), des herbes marines, des saumures. Le marnage a fait aussi des progrès considérables.

2° *Région de l'Ouest.* — La production du fumier n'a pas éprouvé de changements dans les Côtes-du-Nord. — D'après un de nos correspondants, on fait, depuis quelques années, beaucoup moins usage dans ce département du goëmon et du maerl; mais, d'après un autre, l'emploi des noirs de raffinerie, des phosphates, des tangues, des marnes et de la chaux, est entré, sur une large échelle, dans les fumures du cultivateur breton. Nos correspondants d'Ille-et-Vilaine et du Morbihan accusent aussi un progrès notable dans la consommation des engrais commerciaux.

3° *Région du Nord.* — La préparation des fumiers est en progrès dans le département du Nord et dans celui du Pas-de-Calais; elle paraît être stationnaire dans l'Oise. Il y a beaucoup à redire encore à la construction des fosses à fumier dans ces départements. — On fait un usage de plus en plus considérable des engrais commerciaux dans le Nord, l'Oise, le Pas-de-Calais, la Somme, Seine-et-Marne. Dans la Somme, c'est surtout aux cendres de tourbe et aux plantes marines qu'on a recours. On se plaint, dans le Nord, des fraudes auxquelles est livré le commerce des engrais.

4° *Région du Centre.* — Les fumiers sont de mieux en mieux traités, et de la manière la plus remarquable, dans Loir-et-Cher. — Les engrais commerciaux commencent à être employés dans le Cher et dans l'Indre, même et surtout chez le petit cultivateur. Les progrès de leur usage sont lents dans l'Indre et Loir-et-Cher; on s'y plaint des fraudes.

5° *Région du Nord-Est.* — Il y a peu de changements dans la production et la préparation du fumier dans les Vosges; il est maintenant beaucoup mieux soigné dans les Ardennes et dans la Meuse. Il est de plus en plus recherché dans le département de la Marne; mais on reproche à la fosse à fumier sa mauvaise construction. — L'emploi des engrais commerciaux est en progrès faiblement marqué dans les Vosges et la Meuse, mais plus accentué dans les Ardennes, la Marne et surtout l'Aube; on se plaint des fraudes du commerce.

6° *Région de l'Est.* — On constate une amélioration plus ou moins notable dans les fumiers pour les départements de l'Ain, de la Côte-d'Or, du Jura et de l'Yonne; on cherche à s'en procurer par des achats dans le département de l'Ain ; on les emploie de plus en plus pour les Vignes de la Côte-d'Or. — L'usage des engrais commerciaux est à peu près nul dans l'Ain et dans le Jura. Dans ce dernier département, on se sert de plus en plus de la chaux et des cendres. L'usage de tous les engrais de commerce fait des progrès plus ou moins notables dans la Côte-d'Or, dans l'Yonne et dans Saône-et-Loire. Le guano, les superphosphates et les poudrettes sont les plus employés. — On signale la nécessité de réprimer les fraudes du commerce dans la Côte-d'Or et dans Saône-et-et-Loire.

7° *Région de l'Ouest central.* — On constate que les fumiers reçoivent un meilleur traitement dans la Charente et la Charente-Inférieure, où, d'ailleurs, les cultivateurs les recherchent et en achètent lorsqu'ils en trouvent. — Dans la Vendée, les engrais commerciaux sont très-peu usités ; on n'emploie que le goëmon dont la consommation augmente. Dans la Charente, la Charente-Inférieure, la Vienne et la Haute-Vienne, les engrais commerciaux prennent faveur, surtout le guano, le phospho-guano et les phosphates. On constate particulièrement le progrès des chaulages et des marnages dans la Vienne.

8° *Région du Sud-Ouest.* — La production du fumier est stationnaire dans la Haute-Garonne ; elle a augmenté dans le Gers et Lot-et-Garonne.— L'usage des engrais commerciaux est resté dans la même proportion pour la Haute-Garonne ; il a fait quelques progrès dans Lot-et-Garonne.

9° *Région du Sud central.* — Nos correspondants sont d'accord pour affirmer une augmentation de la production du fumier dans le Cantal, la Creuse et le Lot. Pour l'Aveyron, un de nos correspondants estime que l'état de la production est stationnaire, mais un autre dit que le fumier a beaucoup augmenté par suite du grand développement qu'a pris la culture fourragère. — On signale quelques progrès dans l'usage des engrais commerciaux, pour les départements de l'Aveyron et de la Creuse. Ce sont les

phosphates qui surtout présentent une consommation croissante, à cause des bons effets qu'ont immédiatement
donnés les premiers essais.

10° *Région de l'Est central.* — La production du fumier
reste stationnaire dans la Haute-Loire ; elle est en progrès
dans l'Ardèche, où le tas de fumier reçoit un meilleur traitement. — On n'indique pas que les engrais commerciaux
commencent à prendre faveur dans la région.

11° *Région du Sud.* — La production du fumier reste
stationnaire dans le Var ; elle augmente dans le département de l'Aude, où l'on cherche à s'en procurer par tous
les moyens possibles pour la culture de la Vigne. — La
consommation des engrais commerciaux ne paraît pas
faire de progrès dans le Var ; elle s'accroît dans l'Aude,
surtout en ce qui concerne les engrais phosphatés et po-
tassiques.

12° *Région du Sud-Est.* — Il y aurait diminution de la
production du fumier dans les Basses-Alpes, d'après un
de nos correspondants. Cette production serait, au contraire, en progrès, notamment pour la grande culture, dans
le département des Hautes-Alpes. Un de nos correspondants de l'Isère accuse l'insuffisance de la production.
Il y a unanimité pour signaler l'amélioration de la production et du traitement du fumier dans la Savoie et dans
Vaucluse. — Quant aux engrais commerciaux, ils ne sont
pas employés en Savoie ; mais leur consommation est en
progrès, surtout pour ce qui concerne les tourteaux, les
phosphates et les superphosphates, dans les Hautes et
Basses-Alpes, dans la Drôme, dans l'Isère et dans Vaucluse. On se plaint des fraudes du commerce dans le département de la Drôme.

En résumé, on peut conclure de l'enquête que l'estime
des agriculteurs pour toutes les matières fertilisantes s'est
beaucoup accrue dans les vingt dernières années. Le plus
grand nombre se sont attachés à augmenter et à améliorer

la production du fumier ; il y a eu progrès dans le traitement des tas de fumier et la confection des fosses à purin.

C'est aussi durant les vingt dernières années que la consommation des engrais commerciaux a pris de l'importance,
et que, notamment, l'usage des phosphates s'est répandu
dans un grand nombre de départements où, comme la
marne et la chaux l'avaient déjà fait pour diverses régions,
il a causé une véritable révolution en augmentant d'une
manière inattendue la richesse des récoltes.

CHAPITRE IX

Quelle différence existe entre la période qui a précédé
1861 et la situation de l'agriculture dans les six an-
nées qui ont précédé 1879, en ce qui concerne le NOMBRE
DES BRAS EMPLOYÉS A L'AGRICULTURE ET LE PRIX DE LA
MAIN-D'ŒUVRE?

Sur les **88** correspondants qui ont répondu à l'enquête,
5 seulement ne se sont pas occupés de la double question
posée ci-dessus : 1° le nombre des bras employés à l'agriculture ; 2° le prix de la main-d'œuvre. La plupart ont fait
des réponses aux deux demandes qui leur étaient faites,
mais quelques-uns n'ont répondu qu'à la première ou qu'à
la seconde.

En ce qui concerne le nombre des bras employés, sur
66 réponses il y en a **54** qui déclarent qu'il y a rareté de
main-d'œuvre, **11** que le nombre des ouvriers agricoles
est resté stationnaire, et **1** qu'il y a augmentation du
nombre des ouvriers agricoles. Une remarque doit être
ajoutée. Dans quelques pays, la quantité de travaux agricoles a diminué, et alors le nombre des ouvriers s'est

trouvé suffisant, et même plus que suffisant. Dans la majorité des cas, la quantité de travail agricole a augmenté, et il est arrivé que le nombre des bras s'est trouvé insuffisant, quoiqu'il soit resté le même. Mais le plus souvent le nombre des bras a diminué, en même temps que la quantité de travail s'est accrue. C'est une affaire de localités.

En ce qui concerne le taux des salaires, 71 réponses ont été données, sur lesquelles 64 accusent une augmentation, 1 un état stationnaire, et 6 une diminution.

Pour l'éclaircissement des deux questions, il est nécessaire d'examiner avec attention chacune des régions.

1° *Région du Nord-Ouest.* — Dans cette région, la main-d'œuvre est devenue, en général, plus rare et plus chère. Dans l'Eure, elle ne présente pas de changements quant au nombre de bras mis à la disposition des agriculteurs; mais la quantité des travaux ayant augmenté d'un cinquième, il en serait résulté une raréfaction proportionnelle. Le nombre des bras a diminué dans le Calvados, Eure-et-Loir et la Manche. Un correspondant de la Seine-Inférieure dit simplement que l'agriculture n'en trouve pas en quantité suffisante. — Nous citerons maintenant des chiffres sur le taux des salaires. Dans le Calvados, le prix des journées d'homme, pour les journaliers, était avant 1860, de 1 fr. 75 pendant les mois d'hiver, et 2 fr. pendant les mois d'été sans la nourriture; il est maintenant de 2 fr. 75 à 3 francs. Les femmes étaient payées, toujours sans nourriture, 1 fr. l'hiver et 1 fr. 25 l'été ; elles le sont maintenant de 1 fr. 50 à 1 fr. 75 ; les valets de labour coûtaient l'année 250 à 300 fr., et ils coûtent maintenant 450 à 500 fr.; les servantes étaient payées de 250 à 300 fr.; elles le sont de 350 à 500 fr. Les prix anciens sont aux nouveaux comme 2 est à 3. C'est à cette dernière proportion que s'arrête notre correspondant de l'Eure. D'après notre correspondant d'Eure-et-Loir, les salaires seraient augmentés de plus de moitié, et il serait souvent impossible de trouver des bras.

Un de nos correspondants de la Seine-Inférieure dit que le taux des salaires a doublé, un autre qu'il a augmenté de 30 pour 100, et un autre de 15 à 16 pour 100. Ces différences d'appréciation proviennent, sans doute, de ce que, si l'on connaît bien les prix actuels, on ne se souvient pas aussi facilement des anciens prix. Les journaliers sont payés : pour les hommes, 2 fr. 50 en temps ordinaire, 3 fr. 50 pendant la moisson et jusqu'à la fin des ensemencements ; pour les femmes, 1 fr. 50 et 2 fr. Les domestiques, logés et nourris, sont payés à l'année, savoir : premiers charretiers, 500 à 550 fr.; deuxièmes et troisièmes charretiers, 400 à 450 fr.; valets de cour, 350 fr.; servantes, 300 fr.; gardiens de troupeaux de vaches ou de moutons, 450 à 500 fr.

2° *Région de l'Ouest.* — Dans le Morbihan, il n'y aurait pas de changements dans les conditions de la main-d'œuvre employée à l'agriculture. Dans le Finistère et Ille-et-Vilaine, la quantité de main-d'œuvre disponible aurait légèrement diminué. Dans les Côtes-du-Nord, sur le littoral, le nombre des bras employés à l'agriculture serait à peu près le même que dans le passé ; dans l'intérieur des terres, au contraire, le nombre des ouvriers disponibles aurait notablement diminué. — Quant au prix de la main-d'œuvre, on s'accorde à dire que partout il y a eu augmentation considérable, d'un tiers pour l'été sur le littoral dans Côtes-du-Nord, et de 100 pour 100 dans l'intérieur des terres. Il est vrai de dire qu'avant 1860, un ouvrier, outre la nourriture, se contentait de 60 centimes par jour, tandis qu'aujourd'hui il demande 1 fr. 25. Les serviteurs, dont les gages étaient de 100 à 130 fr., demandent maintenant 250 à 300 fr. L'augmentation du taux des salaires serait de 40 pour 100 dans Ille-et-Vilaine, et de 50 pour 100 dans le Finistère.

3° *Région du Nord.* — Le nombre des ouvriers disponibles pour l'agriculture paraît avoir diminué, sans conteste, dans Seine-et-Marne, l'Oise, la Somme et le Pas-de-

Calais. Dans le Nord, un de nos correspondants déclare que les ouvriers ne manquent pas, tandis qu'un autre se plaint de la rareté de la main-d'œuvre. Cela paraît être une affaire de localités; l'arrondissement où les ouvriers ruraux sont suffisants et sont restés en même nombre, est celui de Dunkerque. — Sauf en ce qui concerne l'arrondissement de Dunkerque où le taux des salaires n'aurait pas varié, nos correspondants accusent partout une augmentation qui varie de 30 à 66 pour 100. D'ailleurs, on est unanime à dire que l'ouvrier exige une meilleure nourriture, et tend à donner moins de travail par journée. D'un autre côté, dans la région, la quantité de travail que réclame le système de culture suivi est devenue plus considérable.

4° *Région du Centre.* — On se plaint de la rareté et de l'insuffisance de la main-d'œuvre dans l'Indre, le Cher et Loir-et-Cher. Dans Indre-et-Loire ce seraient surtout les femmes qui feraient défaut. — Le taux des salaires est partout augmenté : les uns disent de 30 pour 100, les autres de 100 et même 200 pour 100. Ces différences d'appréciation proviennent, en partie, de ce que, si l'on connaît bien les taux actuels du prix du travail, on ne se souvient pas toujours avec la même exactitude des taux anciens. Voici quelques chiffres : pour le département de l'Indre, avant 1860, un premier charretier, outre la nourriture, était payé 310 fr.; il reçoit aujourd'hui 600 fr. La nourriture revenait naguère à 75 centimes par jour, elle coûterait maintenant 1 fr. 50. En 1860, les journaliers nourris recevaient 75 centimes de novembre à mars, et 1 fr. de mars au 25 juin ; actuellement, on paie 1 fr. 25 tout l'hiver et 2 fr. depuis le mois de mai. Autrefois le prix le plus élevé de la moisson, était de 24 fr. la semaine avec la nourriture ; il atteint aujourd'hui 30 et 36 fr. Un autre correspondant dit que naguère, dans ce même département, une fille de ferme et une bergère se louaient de 70 à 100 fr., tandis qu'elles reçoivent 200 à 250 fr.; un garçon de douze à quinze ans, qui se louait de 40 à 50 fr., reçoit 120 à 140 fr. Le prix de la journée qui était, avec la nourriture, de 1 à 3 fr. suivant les saisons, ne descend jamais, aujourd'hui, au-dessous de 2 fr., et il s'élève parfois jusqu'à 8 fr. pendant une partie de la moisson.

5° *Région du Nord-Est.* — Dans les Ardennes, l'Aube, la Marne, la Meuse et les Vosges, il y a une diminution très-sensible dans le nombre des ouvriers de l'agriculture. Cette diminution serait de 1 dixième dans les Ardennes, de près de moitié dans l'Aube. — Dans toute la région, le taux des salaires a augmenté; il serait monté de 3 à 5 fr. dans la Marne, d'un tiers dans les Ardennes et la Meuse; d'après quelques correspondants il aurait même doublé. Nous donnerons encore quelques chiffres : un homme à l'année, qui coûtait 300 fr. il y a 20 ans, reçoit maintenant 500 fr.; ce sont les mêmes nombres accusés dans la Marne.

6° *Région de l'Est.* — Sauf pour le département de l'Yonne où la population ouvrière des campagnes ne paraît pas diminuer et où il est même affirmé que les bras ne manquent pas, on se plaint, dans toute la région, de la diminution du nombre des bras disponibles pour l'agriculture. Dans le département de l'Ain, surtout dans la région des plateaux, la diminution serait d'un quart environ. — Partout il y a accroissement du prix de la main-d'œuvre. Cet accroissement s'élèverait à 20 pour 100 dans le département de l'Yonne selon un de nos correspondants, et à 30 pour 100 d'après un autre. C'est au chiffre de 30 pour 100 que l'on fixe l'augmentation dans le département de l'Ain. Dans la Côte-d'Or, l'accroissement serait de 30 à 40 pour 100 d'après un correspondant, et de 100 pour 100 d'après un autre. Les prix ont surtout augmenté dans la saison d'été, et l'on prétend que la qualité de la main-d'œuvre a diminué, en ce sens que les bons ouvriers quittent la campagne.

Dans le Doubs, le taux de la journée, qui était naguère

de 1 franc, est maintenant de 2 fr. 40. Dans le Jura, la hausse qui avait toujours été croissante s'est un peu arrêtée cette année ; « mais il n'y a pas lieu de s'en féliciter, dit notre correspondant, parce que c'est par suite du malaise de l'industrie. » Un autre correspondant du même département dit que maintenant pendant les fenaisons et les moissons, les journées coûtent ordinairement 3 fr., et que les ouvriers sont devenus très-exigeants pour la nourriture ; naguère ils se contentaient de lard, aujourd'hui ils veulent manger de la viande.

7° *Région de l'Ouest-central.* — Dans cette région, on ne se plaint pas autant de la rareté de la main-d'œuvre que dans les régions précédentes. Ainsi, dans la Charente-Inférieure, un de nos correspondants dit que les bras n'ont pas diminué dans une proportion à rendre la culture difficile. Il est vrai qu'un autre affirme qu'on rencontre de la difficulté à se procurer des bras, parce que les paysans désormais enrichis veulent exclusivement travailler pour eux. — Dans la Charente, la hausse du taux des salaires a été enrayée par la destruction des Vignes due au phylloxera. Dans la Charente-Inférieure, la Vienne, la Dordogne, la Haute-Vienne et la Vendée, on affirme un accroissement du taux des salaires qui varie de 30 à 100 pour 100. Nous ajouterons quelques chiffres. Les domestiques à gages gagnent, dans la Charente-Inférieure, de 500 à 800 fr. par an ; les journaliers 2 fr. 50 à 2 fr. 75 dans les jours courts, et de 3 à 4 fr. dans les jours longs. Les faucheurs demandent 4 à 5 fr. par jour, avec plusieurs litres de vin ; les vignerons se font payer 90 fr. pour labourer un hectare. Dans la Dordogne, l'ouvrier agricole se payait 1 fr. 25 à 1 fr. 50 par journée avant 1860 ; c'est aujourd'hui 3 à 4 fr. Les gages des valets de ferme ne dépassaient pas 150 fr. ; ils sont de 300 à 400 fr. Dans la Vendée, la journée de l'ouvrier, qui était de 1 fr. 50 à 2 fr., est aujourd'hui de 2 à 3 fr. ; les gages des valets de ferme sont montés de

300 à 450 fr.; ceux des servantes, de 100 à 200 fr. Les mêmes faits se sont produits dans la Vienne avec les mêmes chiffres.

8° *Région du Sud-Ouest.* — On se plaint de l'insuffisance des bras dans la Haute-Garonne, le Gers, Lot-et-Garonne et les Basses-Pyrénées. — Les salaires ont partout augmenté. Dans la Haute-Garonne, les ouvriers qui se payaient 1 fr. à 1 fr. 25 la journée, demandent aujourd'hui 2 fr. 50 à 3 fr. Le prix de la façon des Vignes est de 60 fr. l'hectare. Dans Lot-et-Garonne, l'augmentation des prix de la main-d'œuvre est d'un tiers.

9° *Région du Sud central.* — Il n'y aurait pas de changements très-notables dans la quantité de main-d'œuvre mise à la disposition de l'agriculture dans le Lot et dans le Cantal. Pour l'Aveyron, un de nos correspondants dit que la main-d'œuvre est devenue plus rare, et un autre qu'elle n'a pas éprouvé de changements notables en ce qui concerne la quantité. Elle est devenue plus rare dans la Creuse. — Les salaires des ouvriers de ferme sont, dans l'Aveyron, d'un tiers plus élevés qu'il y a vingt ans; dans le Cantal, ils ont doublé; dans la Creuse, ils se sont accrus seulement de 20 pour 100. En même temps, l'alimentation, pour le personnel nourri, est partout devenue plus dispendieuse. Dans le Lot, les valets de ferme sont payés 250 à 300 fr. par an, avec la nourriture, les servantes 130 à 200 fr. Les journaliers gagnent en moyenne 2 fr. 50, ou, quand ils sont nourris, 1 fr. 25 à 1 fr. 50 par jour.

10° *Région de l'Est central.* — Dans l'Ardèche et dans la Haute-Loire, la main-d'œuvre est devenue plus rare. — Les salaires ont augmenté d'environ un cinquième depuis 1860, dans l'Ardèche; les domestiques à gages, qui se taxaient de 250 à 300 fr. l'an, plus la nourriture, reçoivent aujourd'hui de 300 à 350 fr. Les servantes recevaient 180 à 200 fr.; elles touchent maintenant 200 à 250 fr. Pour mener une éducation de vers à soie, il faut payer

1 fr. 50 par jour à une femme experte, plus la nourriture ; naguère elle se contentait de 0 fr 90 à 1 fr. Le prix de la main-d'œuvre s'est très-considérablement augmenté dans la Haute-Loire.

11° *Région du Sud*. — Le fléau phylloxérique a apporté une grave perturbation dans cette région. Tandis que, dans le département de l'Aude, on ne trouve pas assez d'ouvriers, et que le taux des salaires a doublé depuis vingt ans, il y a, au contraire, une baisse notable du prix de la main-d'œuvre dans le département du Var. Le prix de la journée (5 à 8 heures) est tombé de 2 fr. 50 au-dessous de 2 fr., notamment dans l'arrondissement de Brignoles. Les ouvriers émigrent, faute de trouver du travail. — La Corse manque de bras ; un grand nombre d'ouvriers italiens viennent y travailler, l'hiver, au prix de 1 fr. 50 par jour.

12° *Région du Sud-Est*. — Dans cette région, la culture a subi des épreuves qui, dans ces dernières années, ont arrêté dans beaucoup d'endroits la hausse des salaires et même en ont amené la baisse. En même temps, il s'est produit une diminution de la population ouvrière rurale dans les Basses-Alpes, les Hautes-Alpes, la Drôme, l'Isère, la Savoie et une partie de Vaucluse. Dans une autre partie de ce dernier département, il y a encore trop de main-d'œuvre disponible pour le travail à donner. — L'accroissement du taux des salaires est manifeste par rapport au passé, dans les Hautes-Alpes, la Savoie et même la partie montagneuse de Vaucluse. Il y a, au contraire, tendance à la baisse et même baisse prononcée dans la Drôme, les Basses-Alpes et une grande partie de Vaucluse. Dans quelques localités de ce dernier département, la baisse paraît néanmoins enrayée aujourd'hui par l'exode.

En résumé, le taux des salaires s'est considérablement accru depuis vingt ans dans la plus grande partie de la France et la quantité de travail agricole a augmenté, tandis que diminuait le nombre des ouvriers. Le prix de la nourriture et les exigences de l'alimentation se sont aussi considérablement accrus. La baisse des salaires ne s'est produite que dans les régions qui ont été frappées par des fléaux ou par la suppression d'une culture industrielle. D'après le très-grand nombre de nos correspondants, la hausse des salaires accompagne une plus grande prospérité.

CHAPITRE X

*Quelle différence existe entre la période qui a précédé 1861
et la situation de l'agriculture dans les six années qui
ont précédé 1879, en ce qui concerne les* IMPÔTS FON-
CIERS ET AUTRES CHARGES QUI GRÈVENT LA PROPRIÉTÉ ?

Sur cette question, la moitié de nos correspondants
n'ont pas jugé à propos de répondre, c'est-à-dire de faire
une comparaison entre l'état des choses avant 1860 et les
conditions actuelles de l'agriculture. Mais 44 affirment
qu'il y a une augmentation plus ou moins considérable
des impositions payées par l'agriculture ; en outre, 22 attribuent cette augmentation à l'accroissement considérable des centimes additionnels.

En examinant les réponses faites région par région, nous
pourrons ajouter quelques faits intéressants.

1° *Région du Nord-Ouest.* — A l'exception d'un seul,
les correspondants de la région se taisent sur la question
des impôts et autres charges qui pèsent sur l'agriculture.
Un correspondant de la Seine-Inférieure estime à 34 fr. 30

par hectare l'ensemble de toutes les charges; mais il ajoute qu'elles sont mises par les baux au compte du fermier; les assurances ne sont même payées que par moitié par le propriétaire. Sur cette somme, le total des impôts et prestations ne s'élève qu'à 20 francs, le reste de la somme consiste en frais d'entretien que le fermier doit payer en dehors du prix de location.

2° *Région de l'Ouest.* — L'aggravation des impôts est accusée dans les Côtes-du-Nord, Ille-et-Vilaine et le Morbihan. Un de nos correspondants des Côtes-du-Nord rejette l'augmentation des impôts qui, d'après lui, grèvent la propriété, sur l'accroissement des armées permanentes et de la bureaucratie. Un autre correspondant du même département donne les chiffres suivants relevés sur les bulletins d'une exploitation : en 1860, cette exploitation a payé 209 fr. 94; en 1865, 269 francs; en 1879, elle paie 304 fr. 31, soit une augmentation dans la proportion de 2 à 3. Il ajoute que la même exploitation est, en outre, chargée d'un impôt : 1° de prestation en nature; 2° sur les chiens; 3° sur les chevaux et voitures; 4° de patente sur les batteurs mécaniques; 5° d'octroi pour entrer ses denrées au marché; 6° d'enregistrement et de timbre pour tout acte de bail et de mutation; 7° sur le sel indispensable à l'exploitation; 8° sur les boissons vendues au commerce, etc. — Dans Ille-et-Vilaine, un de nos correspondants attribue l'accroissement des charges de l'agriculture à l'aggravation des impôts indirects. — Pour le Morbihan, notre correspondant dit que l'impôt foncier serait facilement supporté, si à cette charge ne venaient s'ajouter les impôts de consommation sous forme d'octroi ou autres, les charges vicinales concernant la voirie, l'impôt des chevaux et voitures.

3° *Région du Nord.* — On affirme que les impôts qui frappent l'agriculture se sont accrus dans le Nord, l'Oise, le Pas-de-Calais, Seine-et-Marne et la Somme. On attribue l'accroissement de l'impôt foncier aux centimes addition-

nels qui, dans la plupart des communes, s'élèvent de **30**
jusqu'à **80** sur le principal. On se plaint aussi que la loi
de 1875, en supprimant la réduction du droit d'enregistrement sur les échanges, ait aggravé les charges de l'agriculture progressive.

4° *Région du Centre.* — L'impôt foncier paraît avoir
doublé dans le département de l'Indre, par suite des centimes additionnels, départementaux et communaux. Un
correspondant d'Indre-et-Loire affirme qu'un dégrèvement
serait sans influence sur la situation et que jusqu'ici l'impôt
se paie facilement. Un autre, dans le Cher, se contente de
dire que le Ministre des finances doit mieux connaître la
question qu'il ne la connaît lui-même.

5° *Région du Nord-Est.* — On se plaint, dans les Ardennes, la Marne, la Meuse et les Vosges, de ce que les
centimes additionnels grèvent de plus en plus la propriété.
On ajoute, dans les Ardennes, que les charges de l'agriculture sont augmentées par les prestations et on s'y plaint
aussi de l'impôt sur les chiens, les chevaux et les voitures.

6° *Région de l'Est.* — Dans cette région, on ne se plaint
de l'impôt foncier, qui n'a pas varié, qu'à cause de l'accroissement continu du nombre des centimes additionnels,
départementaux et communaux. Ce nombre s'élèverait
jusqu'à **100**, **200** et même **300** dans le département de
l'Ain. Un correspondant cite une propriété de **80** hectares
dont la totalité des impôts, prestations comprises, a passé
de **405** fr. **20** en 1860, à **842** fr. **12** en 1870. Dans la
Côte-d'Or, les impôts indirects et leur mode de perception
continuent à être l'objet des plaintes de la viticulture.
Notre correspondant du Doubs dit que, sans doute, l'impôt
pèse lourdement sur l'agriculture, mais qu'elle le supporte
avec le patriotisme patient qui est l'apanage des populations de la Franche-Comté.

7° *Région de l'Ouest central.* — C'est encore à l'accroissement de l'impôt par les centimes additionnels que l'on
s'en prend dans les départements de   Charente, de la

Charente-Inférieure, de la Vendée, de la Vienne et de la Haute-Vienne. On s'y plaint, d'ailleurs, de l'impôt des prestations et des droits sur les vins et les spiritueux, notamment des octrois. Dans la Vendée, sur 299 communes, 19 seulement paient moins de 15 centimes; 114, de 15 à 20; 141, de 31 à 50; et enfin 25 paient de 51 jusqu'à 100. Dans la Haute-Vienne, il est dit que la propriété n'a pas à se plaindre de l'impôt direct qui, somme toute, a peu subi d'augmentation, mais des droits de mutation et d'enregistrement.

8° *Région du Sud-Ouest*. — Dans cette région, on s'accorde à dire que l'impôt foncier n'a pas subi de modifications, mais que les charges se sont accrues par le nombre croissant des centimes additionnels, communaux et départementaux, et les prestations.

9° *Région du Sud central*. — On constate, notamment dans le Cantal, l'augmentation des charges de la propriété depuis 1860, par suite des centimes communaux et départementaux, et par suite encore des impôts sur les voitures et les chevaux. Dans le Lot, on se plaint des impôts indirects qui frappent la circulation des vins.

10° *Région de l'Est central*. — Parmi les aggravations d'impôts qui chargent l'agriculture, on place, dans la Haute-Loire, le droit d'enregistrement des baux.

11° *Région du Sud*. — On accuse l'impôt d'être trop lourd à cause des centimes additionnels et des droits d'octroi. Dans le Var, où, dit un de nos correspondants, l'Olivier ne paie plus la rente du sol et où la Vigne disparaît, l'impôt foncier est devenu écrasant.

12° *Région du Sud-Est*. — Dans les Basses-Alpes, les Hautes-Alpes, la Drôme, l'Isère et Vaucluse, le principal de l'impôt foncier n'a pas changé depuis 1860, mais les charges communales et départementales se sont beaucoup aggravées. C'est ainsi que, depuis 1860, dans certaines communes la terre paierait 30 pour 100 de plus. Dans l'Isère, on se plaint des contributions que l'agriculture doit payer pour la construction des digues. Dans Vaucluse, on réclame un dégrèvement des propriétés laissées en friche par suite de la destruction du vignoble par le phylloxera.

En résumé, l'agriculture se plaint surtout de la grande facilité avec laquelle on a accordé aux communes et aux départements la faculté d'imposer des centimes additionnels. Quant à l'impôt foncier lui-même en principal, il s'était en quelque sorte incorporé aux charges naturelles de la propriété, par suite de sa fixité. Étant resté le même depuis très-longtemps, étant bien connu, il est toujours défalqué du revenu qui sert à calculer la valeur de la terre.

CHAPITRE XI

Quelle différence existe entre la période qui a précédé 1861 et la situation de l'agriculture dans les six années qui ont précédé 1879, en ce qui concerne la VIABILITÉ, LES TRANSPORTS ET LES DÉBOUCHÉS ?

Le progrès de la viabilité s'est prononcé, en France, d'une manière remarquable, à partir de la loi de 1836 qui a pourvu aux voies et moyens nécessaires pour la construction et l'entretien des routes et des chemins de quelque importance. Une nouvelle impulsion a été donnée au perfectionnement de la vicinalité par les lois successives qui, à partir de 1868, ont créé une caisse des chemins vicinaux et ont, en outre, mis des sommes considérables à la disposition des départements et des communes qui auraient fait les plus grands sacrifices pour leurs routes.

Les correspondants de la Société, en très-grande majorité, n'hésitent pas à affirmer les avantages de la transformation que présente la vicinalité au point de vue des intérêts de l'agriculture. En effet, si 26 d'entre eux ont laissé la question sans réponse, 59 accusent une amélioration plus ou moins considérable et 3 seulement disent que, dans leurs localités, les chemins sont restés dans un état stationnaire. D'un autre côté, 20 constatent que les débouchés pour les produits agricoles ont augmenté et sont surtout devenus plus faciles.

L'étude des régions envisagées sous ce rapport indiquera leur situation respective et fera aussi connaître quelques vœux des populations.

1° *Région du Nord-Ouest.* — Le développement des chemins de tout genre et le perfectionnement considérable de la viabilité sont indiqués comme des faits certains par nos correspondants du Calvados, de l'Eure et de la Seine-Inférieure. Les transports sont devenus non-seulement plus faciles, mais même excellents. Les chemins de fer y ont contribué pour une bonne part. Les débouchés sont devenus à la fois plus assurés et plus nombreux. Plusieurs correspondants voudraient que les tarifs des chemins de fer pussent être diminués.

2° *Région de l'Ouest.* — En convenant que la viabilité a fait des progrès, nos correspondants des Côtes-du-Nord, du Finistère, d'Ille-et-Vilaine et du Morbihan se plaignent que la petite vicinalité ait souvent été négligée, que notamment les chemins ruraux aient été en quelque sorte oubliés dans beaucoup de communes. Néanmoins, le progrès est manifeste. Nos correspondants des Côtes-du-Nord seuls soutiennent, toutefois, que les débouchés sont restés les mêmes.

3° *Région du Nord.* — L'amélioration des chemins est affirmée pour les départements du Nord, de Seine-et-Marne, de l'Oise, du Pas-de-Calais et de la Somme. Un correspondant du Pas-de-Calais dit même que, sous les trois rapports de la viabilité, des transports et des débouchés, les progrès depuis 1860 ont été prodigieux. Les ports, la canalisation, les chemins de fer ont été améliorés en même temps que les routes de terre.

4° *Région du Centre.* — Il y a unanimité pour dire que, dans le Cher, l'Indre, Indre-et-Loire et Loir-et-Cher, la vicinalité s'est améliorée, sauf peut-être pour les chemins ruraux dans Indre-et-Loire. Malgré cette amélioration, un correspondant du Cher estime que les débouchés de quelques produits agricoles se sont restreints. Un correspondant de l'Indre se plaint de l'augmentation des droits de péage sur un grand nombre de foires et de marchés. Un correspondant d'Indre-et-Loire accuse les tarifs des chemins de fer d'être trop lourds pour l'agriculture.

5° *Région du Nord-Est.* — Dans les Ardennes, l'Aube, la Marne, la Meuse, les Vosges, il y a eu une amélioration très-profitable pour l'agriculture dans les voies de communication. Nos correspondants des Ardennes et de l'Aube disent que les débouchés ont beaucoup augmenté; ceux de la Marne et de la Meuse, que les transports sont devenus plus économiques.

6° *Région de l'Est.* — L'amélioration du réseau de toutes les voies de communication est constatée pour les départements de l'Ain, de la Côte-d'Or, du Jura et de l'Yonne. On voudrait, dans la Côte-d'Or, que l'attention se portât davantage sur les chemins ruraux trop négligés. Les transports sont devenus plus économiques et les débouchés plus nombreux, pour les différents produits agricoles, à l'exception, toutefois, des laines qui paraissent se vendre de moins en moins facilement dans la Côte-d'Or. On voudrait aussi presque partout une diminution des tarifs de chemins de fer, plutôt encore que la multiplication des embranchements, quoique quelques-uns se plaignent que leurs localités ne soient pas suffisamment desservies.

7° *Région de l'Ouest central.* — Il est constaté que l'amélioration de la vicinalité est progressive et constante dans la Charente, la Charente-Inférieure, la Vendée, la Vienne et la Haute-Vienne. Un grand nombre de localités, jusqu'alors isolées, ayant été mises en communication avec les lignes ferrées, par des routes de tous genres, des débouchés nouveaux se sont ouverts pour un grand nombre de produits. Mais on émet le vœu de l'abaissement des tarifs de chemins de fer.

8° *Région du Sud-Ouest.* — C'est dans cette région que nos correspondants ont été le plus sobres dans leurs appréciations sur la vicinalité et les débouchés. — Un seul dit que, dans Lot-et-Garonne, la viabilité s'est très-améliorée, et que les transports y sont devenus plus faciles, qu'en outre les débouchés y sont satisfaisants. Quant aux cultivateurs, ils s'arrangent de manière à fournir aux marchés voisins les produits les plus demandés.

9° *Région du Sud central.* — Il y a unanimité pour reconnaître l'amélioration de la vicinalité dans l'Aveyron, le Cantal, la Creuse et le Lot. Les transports sont devenus plus faciles et les débouchés plus commodes et plus ouverts, surtout en ce qui concerne le bétail. On voudrait, néanmoins, une modification du tarif par tête sur le réseau de la Compagnie des chemins de fer d'Orléans.

10° *Région de l'Est central.* — L'amélioration de la vicinalité est constatée dans l'Ardèche et la Haute-Loire. Les débouchés des produits agricoles sont aussi devenus plus nombreux.

11° *Région du Sud.* — Dans le département de l'Aude, la viabilité s'est accrue, et les transports ont considérablement augmenté; mais on se plaint fortement de l'insuffisance de l'entretien de toutes les routes, quelles qu'elles soient. Dans la Corse et dans le Var, il y a amélioration sensible dans la vicinalité; mais, pour ce dernier département, on se plaint que les débouchés ne prennent pas d'extension, à cause des tarifs de chemins de fer.

12° *Région du Sud-Est.* — Deux correspondants des Basses-Alpes prétendent que la vicinalité est restée dans la même situation, mais dans les Hautes-Alpes, on en affirme l'amélioration; le développement des voies ferrées y augmenterait les débouchés. Dans l'Isère, la Savoie et Vaucluse, la vicinalité s'est améliorée; on la trouve encore insuffisante dans le premier de ces départements, surtout dans la vallée du Grésivaudan. On se plaint, en Savoie, des tarifs de chemins de fer. Les chemins de petite vicinalité auraient besoin de transformation dans Vaucluse.

En résumé, les voies de communication, qui constituent le premier instrument d'une agriculture prospère, ont reçu des perfectionnements incontestables durant les vingt dernières années, perfectionnements plus grands que dans les années antérieures, si l'on considère surtout les débouchés nouveaux ouverts par les voies ferrées.

CHAPITRE XII

Quelles sont les causes des changements dans la situation de l'agriculture et quel a été le rôle des intempéries ?

Un très-grand nombre de correspondants, 35 sur 88, n'ont pas pensé, après s'être expliqués sur les questions spéciales résumées dans les chapitres précédents, devoir résumer leurs opinions sur la situation générale en répondant directement à la demande faite dans les termes qui suivent :

« La Société vous prie de lui signaler, d'ailleurs, quelles sont, suivant vous, les causes des changements que vous avez constatés autour de vous et de dire dans quelle proportion les intempéries y ont contribué. »

13 correspondants se sont occupés de l'influence fâcheuse que les intempéries des dernières années ont exercée sur la situation agricole. Ceux qui, ayant constaté des progrès réels dans les diverses branches de l'agriculture, ont trouvé qu'en fin de compte l'agriculture est maintenant dans des conditions plus favorables qu'avant 1860, ont estimé qu'ils n'avaient pas à discuter un état de crise qu'ils

n'avaient pas constaté. Il n'en a pas été de même pour ceux qui ont vu, dans les faits dont ils sont les témoins, des preuves certaines, selon eux, d'un état de souffrance plus ou moins aiguë et devant préoccuper, tant pour le présent que pour l'avenir, non-seulement les agriculteurs, mais encore les pouvoirs publics.

Nous allons préciser, pour chaque région, les causes principales alléguées pour expliquer les plaintes des agriculteurs et apprécier les effets des météores, en ayant soin, d'ailleurs, de reporter au chapitre qui va suivre tout ce qui concerne les traités de commerce et l'influence de la législation sur les grains. Il est un assez grand nombre de correspondants qui ont regardé la question des droits de douane comme étant la pierre angulaire de la situation. Il y aura lieu de revenir spécialement sur cette opinion pour laquelle une question spéciale avait été adressée.

1° *Région du Nord-Ouest.* — Pour Eure-et-Loir, les causes de l'état de souffrance où se trouve l'agriculture sont ainsi résumées : « 1° les impôts trop élevés ; 2° le libre-échange qui nous ruine ; 3° la rareté de l'ouvrier qui ne peut être remplacé par aucune machine. » D'après un de nos correspondants de la Seine-Inférieure, le prix de revient de la production a été considérablement augmenté sans que les prix de vente aient pu s'accroître. Cette situation aurait été produite par le morcellement excessif de la propriété, les frais généraux se trouvant répartis sur des exploitations trop restreintes.

2° *Région de l'Ouest.* — Un de nos correspondants des Côtes-du-Nord s'exprime ainsi : « A nos yeux, la principale cause des souffrances actuelles de notre agriculture, en dehors des mauvaises récoltes qui sont un accident de tous les temps et des vices de notre législation, est évidemment l'abandon subit et sans transition du système protecteur. » Un autre correspondant du même département attribue tout le mal, dont l'agriculture s'est plainte, aux pertes causées par l'insuffisance des prix de vente qui ont cessé d'être rémunérateurs, les intempéries ne pouvant exercer qu'une influence mauvaise, sans doute, mais transitoire. — D'après un de nos correspondants du Finistère, « les intempéries ont causé tout le mal. » Pour un autre correspondant, il ne faut pas chercher ailleurs la cause du mal, dont il se plaint, que dans l'invasion des produits d'Amérique. — Tout le mal vient, d'après un correspondant d'Ille-et-Vilaine, de ce que, les dépenses de la production ayant augmenté, les prix de vente ont néanmoins baissé. Un second correspondant du même département signale particulièrement l'insuffisance des capitaux employés à l'agriculture, alors que le prix de la main-d'œuvre augmente chaque année. D'après un troisième, les prix de vente sont devenus inférieurs aux prix de revient, les intempéries des saisons n'exerçant sur ce fait qu'une influence secondaire.

3° *Région du Nord.* — Dans le département de l'Aisne, les dépenses dépasseraient les recettes. — Dans le Nord, la mauvaise situation est généralement attribuée à l'insuffisance de plusieurs récoltes successives et au prix peu rémunérateur qu'on en a obtenu. — Dans l'Oise, deux années d'intempéries pluvieuses ont singulièrement aggravé les souffrances générales de l'agriculture. — D'après un correspondant du Pas-de-Calais, la cause de la crise qui, d'ailleurs, existe dans toute l'Europe, doit être considérée comme à peu près permanente ; elle consiste en ce que la production a partout augmenté plus vite que la consommation. — Dans Seine-et-Marne, c'est la série des mauvaises récoltes successives qui a amené la gêne dans la culture, les prix n'étant plus en rapport avec la proportion des récoltes.

4° *Région du Centre.* — Pour notre correspondant du Cher, la cause des souffrances de l'agriculture est dans la perte que lui fait subir la vente de ses denrées au-dessous du prix de revient. — D'après un de nos correspondants de l'Indre, les causes qui ont amené les changements de la situation de l'agriculture sont : l'élévation du prix de la main-d'œuvre qui, sans doute, a amélioré la position de l'ouvrier, et, d'autre part, l'augmentation du prix de revient concurremment avec celle du prix de fermage. D'après un autre correspondant du même département, les causes de prospérité ont été atténuées et, parfois, presque annulées par des dépréciations amenées par les travaux extraordinaires faits dans les villes, un état militaire épuisant et une mauvaise législation douanière. — Notre correspondant d'Indre-et-Loire attribue tout le mal, d'une part, au manque de bras et, d'autre part, à la concurrence étrangère. — Quant au département de Loir-et-Cher, les intempéries ont été la cause des souffrances de l'agriculture, lorsque celle-ci repose principalement sur la production des céréales.

5° *Région du Nord-Est.* — Pour un de nos correspondants des Ardennes, la crise existe seulement pour les gros fermiers, tandis que, durant les quinze dernières années, l'aisance a fait des progrès sensibles pour les petits cultivateurs et les ouvriers; à ses yeux, les intempéries n'ont pas influencé la marche des choses. — D'après notre correspondant de l'Aube, « la cause virtuelle du malaise de l'agriculture proprement dite et *labourante* est dans la disproportion toujours croissante entre le prix de la main-d'œuvre et sa force de production effective. » — Un correspondant de la Marne représente l'agriculture comme étant complétement désarmée contre les graves accidents météorologiques qui ont sévi dans ces derniers temps. Un autre, du même département, affirme que, si les intempéries ont toujours été une cause de grande gêne, à l'époque actuelle le renchérissement des denrées ne peut plus l'atténuer. — Un correspondant de la Meuse signale, comme la cause du mal, l'infériorité de la situation faite à l'agriculture par rapport au traitement et à la puissance de l'industrie et du commerce ; un autre, du même département, regarde, comme les causes de toutes les souffrances, à la fois la rareté de la main-d'œuvre et la concurrence étrangère. — Enfin, le correspondant des Vosges regarde la rareté des bras, le haut prix des salaires comme étant, pour l'agriculture, la cause déterminante de ses souffrances, cause due à l'extension de l'industrie. Ainsi, dans toute la région, l'agriculture se plaint de l'élévation rapide et considérable des salaires agricoles

6° *Région de l'Est.* — Les causes qui, pour le département de l'Ain, ont amené la situation actuelle seraient : 1° le défaut d'enseignement technique des cultivateurs et souvent aussi des propriétaires qui n'ont pas su faire, en temps utile, les transformations nécessaires, l'insuffisance du capital agricole; 2° l'élévation du prix de la main-d'œuvre; 3° l'accroissement des charges de toute nature, non compensé par l'augmentation des produits; 4° la concurrence très-redoutable des produits étrangers; 5° les intempéries des dernières années. — La désertion des campagnes est la cause des souffrances de l'agriculture, pour un correspondant de la Côte-d'Or; pour un autre, les frais de production se sont trop élevés et les charges sont devenues trop grandes pour les fermiers. — Dans le Jura, la prédominance prise par l'industrie serait la cause de la grande élévation des salaires qui a grevé l'agriculture; d'après un autre correspondant, il faudrait y joindre l'influence transitoire des intempéries.—D'après notre correspondant de Saône-et-Loire, tout le mal provient de l'absence de crédit agricole. — Dans l'Yonne, au contraire, ce sont les intempéries qui ont amené de mauvaises récoltes, coïncidant avec l'abaissement des cours des denrées agricoles.

7° *Région de l'Ouest central.* — Les intempéries, d'après deux correspondants de la Charente-Inférieure, ont produit une diminution des récoltes, en présence de l'accroissement des salaires et de la transformation des habitudes plus exigeantes des ouvriers ruraux; un troisième signale

5

l'enlèvement des ouvriers par l'arsenal maritime de Rochefort et, comme cause plus générale, la diminution du nombre des enfants dans les familles rurales. — Dans la Dordogne, c'est au mauvais rendement des récoltes dans les dernières années, coïncidant avec un changement dans les mœurs des ouvriers ruraux, qu'on attribue les souffrances de l'agriculture. — Pour la Vendée, la Vienne et la Haute-Vienne, les correspondants de la Société attribuent la crise agricole à la concurrence étrangère, en présence de l'exhaussement du prix des salaires que détermine l'appel de l'industrie.

8° *Région du Sud-Ouest.* — Les intempéries des dernières années ont causé tout le mal, d'après notre correspondant de la Haute-Garonne. — Il faut s'en prendre à la fois à l'abaissement du cours des denrées et à la hausse de la main-d'œuvre, pour nos correspondants de Lot-et-Garonne. — L'impossibilité de trouver des ouvriers, même avec les salaires les plus élevés, rendrait la culture extrêmement difficile dans les Basses-Pyrénées.

9° *Région du Sud central.* — Dans l'Aveyron, on attribue la crise agricole aux mauvaises récoltes des dernières années, accompagnées de prix de vente trop faibles pour la culture.

10° *Région de l'Est central.* — Deux fléaux, le phylloxera pour la Vigne et la flacherie pour les vers à soie, ont porté un coup funeste à l'agriculture de l'Ardèche.

11° *Région du Sud.* — Le phylloxera a produit la crise agricole dans le département de l'Aude et dans celui du Var.

12° *Région du Sud-Est.* — La situation des agriculteurs dans les Hautes-Alpes s'est aggravée à la fois à cause des intempéries et à cause des accroissements dans les frais de culture, sans augmentation dans le prix des denrées agricoles. — Au contraire, dans la Drôme, les intempéries auraient été sans influence sur les souffrances de l'agriculture, dues surtout à l'exagération des impôts. —

Pour Vaucluse, les causes de la ruine sont à la fois le phylloxera, la maladie des vers à soie et la disparition de la
culture de la Garance, les intempéries ayant, d'ailleurs,
ajouté leurs effets désastreux.

En résumé, la crise agricole, là où elle se manifeste, est
attribuée, comme cause non permanente, à des intempéries et à des fléaux que la science cherche à combattre, et,
comme cause permanente, principalement à l'accroissement considérable du prix de la main-d'œuvre et des frais
de culture, sans compensation suffisante dans les prix de
vente.

CHAPITRE XIII

Quelle influence la législation sur les grains, le commerce de la boulangerie, celui de la boucherie et les traités de commerce ont-ils exercée sur la situation présente ?

La question de l'influence que le régime commercial établi par les traités de commerce de 1860 peut avoir exercée sur la situation de l'agriculture a été considérée comme la principale de l'Enquête par un très-grand nombre de nos correspondants; presque tous l'ont discutée. Cependant, au moment de conclure, quelques-uns ont déclaré vouloir s'abstenir, sans qu'il soit possible de tirer de leurs explications une conséquence soit favorable, soit défavorable au maintien de la législation actuelle, soit sur le régime douanier, soit sur le commerce de la boulangerie et de la boucherie. Ces abstentions absolues sont au nombre de 5.

Sur les 83 correspondants qui ont émis une opinion positive, on en compte 44 qui repoussent l'établissement de droits sur les grains et 39 qui demandent des droits plus ou moins élevés. Si la majorité n'admet pas que le

Gouvernement puisse augmenter le prix des denrées alimentaires par des droits de douane plus ou moins considérables sur les produits de première nécessité importés de
l'étranger, elle est néanmoins d'avis qu'il doit rechercher
les moyens de diminuer les charges qui pèsent sur l'agriculture, ainsi que chacun l'a exposé dans les réponses
spéciales aux questions précédemment traitées et dont le
but était de bien préciser les changements introduits dans
l'agriculture durant les vingt dernières années.

En passant en revue successivement les diverses régions
culturales, il sera possible de mieux se rendre compte des
faits et des impressions qui ont motivé les opinions que
nous résumons.

1° *Région du Nord-Ouest.* — Dans cette région, on
compte une abstention, trois conclusions favorables à la
liberté et cinq en faveur d'un régime protecteur, modéré
pour les uns, plus énergique pour les autres. — Dans le Calvados, une grande prospérité a remplacé, dans ces vingt
dernières années, une situation agricole précaire ; il y a eu
création nouvelle d'un grand nombre d'herbages, remplace-
ment de la production des céréales par celle des fourrages et les plantations de Pommiers. C'est le bétail qui
fait maintenant la fortune du pays. Le taux des fermages
s'est accru. La prospérité est due, d'après un de nos correspondants, aux lois sur la boulangerie et la boucherie,
aux traités de commerce, au développement des voies de
communication et à la vulgarisation de l'instruction. —
Quoique constatant de grands progrès, notre correspondant de l'Eure ne conclut pas. — Dans Eure-et-Loir,
notre correspondant ne voit de remède aux souffrances de
l'agriculture que dans un retour au système protecteur
pour les Blés, les laines et la viande. — Deux correspondants de la Manche voudraient des droits modérés sur les
produits agricoles venant de l'étranger, à la condition,
pour l'un d'eux, que les droits de douane perçus sur le

Blé, la viande ou le bétail seraient déposés à une caisse publique destinée à venir en aide aux malheureux des communes de France, en cas de cherté des vivres. — Pour la Seine-Inférieure, un de nos correspondants se déclare énergiquement pour la liberté commerciale qui, d'après lui, a produit beaucoup de bien ; les deux autres demandent des droits de douane compensateurs jusqu'au jour où l'on aura diminué les impôts qui frappent la culture, exécuté les grands travaux qui permettront de profiter de l'irrigation et du transport à bon marché, et enfin établi le crédit agricole.

2° *Région de l'Ouest.* — Dans cette région, un seul correspondant conclut nettement pour la liberté commerciale, sept demandent la protection douanière ou des droits compensateurs modérés. — Les deux réponses parvenues des Côtes-du-Nord voient dans les traités de commerce la principale cause des souffrances de l'agriculture, attendu que la base de l'agriculture du pays est la production des céréales. Sans nier les avantages procurés déjà par l'accroissement de la production animale, un des deux correspondants affirme que le progrès n'a fait que retarder la ruine, à moins de droits compensateurs, sur les produits étrangers, d'une somme approximativement égale à la différence existant entre le prix de revient en France, de 100 kilog de Blé et le prix des mêmes 100 kilog. de Blé rendus au Havre. — Dans le département du Finistère, d'après un de nos correspondants, les traités de commerce ont fait un bien immense et enrichi à la fois le propriétaire et le fermier ; pour l'autre, une crise aiguë existe qui a eu pour cause l'invasion des Blés d'Amérique et une législation rendant la lutte impossible pour le cultivateur français. — Les trois correspondants d'Ille-et-Vilaine qui ont répondu à l'Enquête demandent pour l'agriculture nationale des droits protecteurs ou compensateurs des charges intérieures. — Pour le Morbihan, sans nier les avantages retirés de la liberté commerciale, il est allégué que, à cause des charges nouvelles qui pèsent sur l'agriculture, il faut des droits de douane compensateurs modérés.

3° *Région du Nord.* — Dans cette région, sur dix réponses, il en est cinq pour des droits de douane plus ou moins élevés, quatre pour la liberté commerciale et on compte une abstention. — D'après notre correspondant de l'Aisne, l'agriculture se ruine; cela est dû à la protection accordée, à son détriment, à l'industrie et il faut arrêter l'invasion des produits agricoles étrangers. — Dans le département du Nord, une réponse ne croit pas à l'efficacité des droits, une autre estime qu'il faudrait, sur les produits étrangers similaires des nôtres, des droits compensateurs équivalant à nos charges. — Il est impossible de tirer une opinion de la réponse de notre correspondant de l'Oise. — Deux correspondants du Pas-de-Calais affirment le bienfait produit par la liberté commerciale, un troisième demande des droits compensateurs pour les charges excessives qui pèsent sur l'agriculture. « L'égalité de traitement par les tarifs de douane, dit l'un d'eux, pour toutes les industries, agricole, commerciale et manufacturière et la réciprocité dans les traités de commerce avec les nations étrangères, tel est le système libéral auquel il faut arriver pour donner satisfaction aux intérêts légitimes de tous les consommateurs qui représentent le véritable travail national. » — Pour la Somme, notre correspondant estime que, pour lutter contre l'Amérique, il faut mettre « un droit de douane *très-modéré* sur les céréales étrangères qui, tout en laissant au commerce la plus grande liberté d'action, tempérerait l'avilissement artificiel des prix. » — Dans Seine-et-Marne, un correspondant admet qu'il est impossible de donner par des droits protection au Blé et à la viande, mais il pense que des droits pourraient être établis sur l'Avoine, le Maïs, les mélasses et toutes les matières dont on peut extraire de l'alcool. Pour un autre, il faut un droit minime sur les grains, un droit de 10 pour 100 sur les viandes et un droit plus élevé encore sur les alcools, sucres, laines, huiles et autres produits.

4° *Région du Centre.* — Dans cette région, deux correspondants sont pour la liberté, deux pour la protection, un cinquième s'abstient, au moins en ce qui concerne les céréales, trouvant qu'il y a sur cette question des difficultés gouvernementales difficiles à résoudre. — Notre correspondant du Cher attribue un grand effet nuisible à la liberté commerciale et il veut des droits protecteurs. — Pour l'Indre, un correspondant se prononce en faveur de la liberté commerciale d'une manière générale; un autre, laissant de côté la question des céréales, voudrait sur tous les produits animaux un droit d'entrée assez fort pour encourager l'élevage et l'engraissement du bétail. — Notre correspondant d'Indre-et-Loire demande un droit de 3 francs par quintal de Blé étranger entrant en France. — Pour Loir-et Cher, un droit sur les Blés serait nuisible, mais un droit sur le bétail serait avantageux si l'importation étrangère prenait des proportions plus considérables.

5° *Région du Nord-Est.* — Dans cette région, des droits protecteurs sont réclamés par cinq correspondants, tandis que quatre se rangent pour la liberté commerciale. — Pour les Ardennes, un correspondant estime que l'agriculture court infailliblement à sa perte si l'on n'établit pas des droits protecteurs; un autre, au contraire, que la liberté commerciale a amené une aisance progressive dans les campagnes. — Pour l'Aube, la question est ainsi résumée : le système du libre-échange et la législation actuelle sur le commerce de la boulangerie et celui de la boucherie ont eu une influence des plus favorables sur la prospérité de l'agriculture. — Les trois réponses venues du département de la Marne sont pour le régime protecteur : pour l'un, les prix de toutes les productions du sol ont cessé d'être rémunérateurs à cause de la concurrence étrangère; pour un autre, la législation sur les grains, la liberté de la boulangerie et de la boucherie, de même que les traités de

commerce, ont exercé une influence fatale sur l'agriculture, il faut des droits protecteurs, la taxe de la viande et
du pain ; pour le troisième enfin, les traités de commerce
ont eu une influence funeste et il faut l'établissement des
droits de douane qui soient l'équivalent des impôts et des
charges qui grèvent l'agriculture nationale. — Pour la
Meuse, un correspondant se prononce en faveur de droits
protecteurs, un autre incline pour la liberté. — Dans les
Vosges, il paraît impossible d'établir des impôts sur les
subsistances, telles que le pain et la viande.

6° *Région de l'Est* — La liberté du commerce paraît,
dans cette région, favorable à l'agriculture, car sur dix correspondants, un seul, celui du Doubs, se prononce pour
l'établissement de droits protecteurs et encore estime-t-il
que ces droits ne devraient être que momentanés. — Pour
l'Ain, la réponse peut se résumer ainsi : égalité de l'agriculture et de l'industrie dans la liberté. — Pour la Côte-
d'Or, on ne fait de plaintes qu'en ce qui concerne les laines
et les vins. — Dans le Jura. on estime que les droits protecteurs aggraveraient, au lieu de soulager la situation de
l'agriculture.—Notre correspondant de Saône-et-Loire s'abstient sur la question des droits de douane et il conclut à
l'égalité de l'agriculture et des autres industries dans le
crédit. — Dans le département de l'Yonne, les réponses
sont pour la liberté commerciale, à la condition de donner
plus d'extension à la prairie et à la culture de la Vigne.

7° *Région de l'Ouest central.* — Sur dix réponses, on
en compte sept favorables à la liberté commerciale et trois
demandant des droits compensateurs. — Les correspondants qui se sont prononcés contre des droits de douane
appartiennent aux départements de la Charente, de la
Charente-Inférieure et de la Dordogne. Parmi eux, il en
est un qui estime que la continuation d'un régime douanier libéral doit être accompagnée d'une diminution notable dans les impôts qui pèsent sur les boissons. — Les

correspondants qui demandent des droits compensateurs appartiennent à la Vendée, à la Vienne et à la Haute-Vienne ; leur opinion est surtout basée sur la crainte des importations étrangères et surtout américaines.

8° *Région du Sud-Ouest.* — Sur six correspondants, deux se prononcent en faveur de la liberté commerciale, trois pour des droits protecteurs et le sixième s'abstient. — La raison déterminante du correspondant de l'Ariége pour appuyer l'établissement de droits protecteurs, c'est le grand retentissement qu'ont eu les plaintes de l'agriculture, à deux reprises différentes. — Notre correspondant de la Haute-Garonne dit que, tout ce qu'il sait sur la question, « c'est que les avantages accordés à l'Espagne, pour l'importation de ses vins, sont considérés par les viticulteurs du Midi comme préjudiciables à leurs intérêts. » — Pour le Gers, si l'un des correspondants se prononce pour la liberté commerciale, un autre voudrait que des droits compensateurs égalisassent les charges entre l'agriculture française et l'agriculture étrangère. — Pour Lot-et-Garonne, la réponse est favorable à la liberté, à la condition qu'on rende à l'agriculture les bras qu'elle a perdus et qu'on réduise les charges qui pèsent sur elle. — Des droits compensateurs sont réclamés pour les Basses-Pyrénées, afin d'équivaloir aux charges qui pèsent sur l'agriculture nationale.

9° *Région du Sud central.* — Sur sept correspondants, cinq se prononcent pour la liberté commerciale ; ils appartiennent aux départements de l'Aveyron, du Cantal et du Lot. Deux demandent des droits protecteurs, ils appartiennent à l'Aveyron et à la Creuse. — Les traités de commerce et l'amélioration des routes ont été causes essentielles de l'accroissement de la prospérité pour un des correspondants de l'Aveyron. Un autre dit qu'il serait bien important d'être éclairé sur l'état véritable de la production américaine. — Un correspondant du Cantal ajoute

que, si les principes de la liberté commerciale sont absolument vrais, il y aurait lieu de voir si des tempéraments ne
doivent pas être apportés dans son application.

10° *Région de l'Est central.* — Dans cette région, un
correspondant se prononce pour les droits protecteurs ; il
est de l'Ardèche. Un autre, de la Haute-Loire, s'abstient.

11° *Région du Sud.* — Deux correspondants, de l'Aude
et du Var, sont favorables à la liberté commerciale ; un,
de la Corse, au régime protectionniste. La réponse du Var
insiste pour que la liberté intérieure, c'est-à-dire l'abolition
des octrois, ait lieu en même temps que la liberté exté-
rieure.

12° *Région du Sud-Est.* — Sur neuf correspondants,
cinq se prononcent pour la liberté et quatre pour des droits
compensateurs. —Dans la Savoie, l'Isère, la Drôme, on est
pour la liberté commerciale, non-seulement en ce qui concerne les produits agricoles, mais encore en ce qui concerne
les produits industriels, afin d'avoir l'égalité entre l'agriculture et l'industrie.—Dans les Hautes et Basses-Alpes, on
demande des droits compensateurs pour les céréales, avec
la taxe du pain, afin d'empêcher des prix de disette. —
Dans Vaucluse, deux correspondants se prononcent pour
le régime de la liberté commerciale, avec des réformes fiscales intérieures de nature à dégrever l'agriculture ; un
autre pense que des droits compensateurs diminueraient
ses souffrances.

En résumé, l'agriculture est divisée sur la question du
régime douanier, et elle se prononce diversement selon les
régions. Là où l'exploitation du sol repose surtout sur la
production des céréales, on veut des droits plus ou moins
élevés, compensateurs suivant les uns, protecteurs suivant
les autres, à l'introduction des grains de provenance
étrangère et principalement de provenance américaine.
Ailleurs, notamment dans les régions herbagères dont l'é-
tendue augmente depuis quelques années, on redoute la

concurrence étrangère plutôt pour l'avenir qu'en raison
du mal qu'elle aurait pu produire jusqu'à présent. Dans
les régions viticoles, on se prononce davantage en faveur
de la liberté commerciale, mais on voudrait que les futurs
traités de commerce donnassent moins d'avantage à l'importation de quelques vins étrangers. En se prononçant
pour la liberté commerciale, presque tous demandent, du
reste, des allégements des charges de l'agriculture, disant
que s'ils comprennent qu'on ne peut pas artificiellement
augmenter par des droits le prix des subsistances, il faut
aussi s'efforcer de mettre l'agriculture en position de diminuer ses prix de revient et d'augmenter sa production.

CHAPITRE XIV

Quelles sont les améliorations et les réformes qu'il serait possible de faire pour assurer la prospérité de l'agriculture ?

En laissant de côté les réponses de ceux de nos correspondants qui ont vu l'unique remède de la crise qu'ils ont signalée, dans les réformes douanières, en ne comptant pas non plus ceux qui, trouvant l'agriculture incontestablement en progrès, ont repoussé, en principe, l'établissement de droits sur les denrées agricoles provenant de l'étranger ; il n'y a que 37 correspondants qui aient émis des vues sur les réformes et les améliorations qu'il serait possible de faire pour assurer la prospérité de l'agriculture.

Nous allons passer ces vœux en revue, en suivant l'ordre des régions, comme dans le chapitres précédents.

1° *Région du Nord-Ouest.* — Notre correspondant d'Eure-et-Loir demande, pour remédier à la crise agricole : 1° la diminution des impôts, surtout en mettant un frein aux dépenses exagérées des communes ; 2° la moralisation de l'ouvrier et la suppression des chantiers où il reçoit des salaires que l'agriculture ne peut pas donner ; 3° la réglementation des cabarets. — Un de nos correspondants de la Seine-Inférieure signale la nécessité de pourvoir à l'insuffisance des capitaux affectés à l'agriculture et d'organiser le crédit pour les agriculteurs.

2° *Région de l'Ouest.* — Un des correspondants des Côtes-du-Nord voudrait : 1° Qu'on améliorât les mœurs des familles agricoles par l'éducation solidement chrétienne ; 2° qu'on rétablît la liberté de tester pour arrêter le morcellement du sol ; 3° qu'on réformât les lois, de manière à arriver à diminuer le budget et à supprimer les dépenses improductives ; 4° qu'on encourageât l'agriculture par de fortes primes mises à la disposition des Comices et des Sociétés agricoles. — Un correspondant du Finistère voit surtout trois questions capitales à résoudre : 1° Abaissement général du taux de l'intérêt par la conversion immédiate de la rente ; 2° exécution très-prompte de tout le réseau projeté des chemins de fer et des chemins vicinaux ; 3° large dégrèvement sur tous les impôts qui entravent le travail national, en frappant de droits tous les emprunts étrangers qui viennent chercher les capitaux français. — Un correspondant du Morbihan demande surtout qu'on augmente les subventions données aux associations agricoles. A ses yeux, le budget des encouragements à l'agriculture devrait être au moins quadruple.

3° *Région du Nord.* — Pour un des correspondants du département du Nord, l'agriculture doit obvier aux crises qui l'atteignent, par une modification de ses assolements, consistant à diminuer l'étendue consacrée au Blé et à augmenter celle affectée à la production fourragère. — Un correspondant du Pas-de-Calais demande l'égalité de traitement entre l'agriculture, et les autres industries et le commerce, la fondation du crédit agricole, l'achèvement des voies de communication, l'abaissement des tarifs de transport par chemins de fer, la restriction des octrois des villes, la diminution des impôts et de toutes les charges qui pèsent sur l'agriculture, par la réduction des dépenses et par l'économie, l'achèvement du code rural. — Un correspondant de Seine-et-Marne appelle l'attention sur la nécessité de réduire l'impôt des alcools employés au vinage des vins.

4° *Région du Centre*. — Un correspondant de l'Indre demande qu'on mette sur un pied égal l'agriculture et l'industrie, en supprimant la protection accordée à celle-ci, puisqu'on ne peut pas protéger l'agriculture nourricière de l'homme. Un autre correspondant du même département demande : 1° l'entretien par l'État de tous les chemins de grande et de moyenne vicinalité; 2° une restriction sérieuse dans les dépenses départementales et communales; 3° la diminution des droits d'octroi et des droits de marché; 4° la suppression des droits sur les voitures simples des agriculteurs et sur leurs chiens de garde; 5° une diminution notable de l'impôt foncier et des droits d'enregistrement sur les baux, les ventes d'immeubles, ainsi que les adjudications des produits agricoles et forestiers.

5° *Région du Nord-Est*. — Les mesures les plus importantes, pour un des correspondants des Ardennes, seraient celles qui auraient pour résultat de développer la petite culture, la grande propriété ne pouvant prospérer qu'à la condition d'être remise entre les mains de fortes familles agricoles. — Un correspondant de la Marne signale le défaut de confiance des capitaux dans les opérations agricoles comme étant la cause du mal, mais il n'admet pas qu'on puisse fonder le crédit agricole, vieille panacée, selon lui, « qui n'est que la plus incroyable des rêveries. » Pour un autre correspondant du même département, les principales réformes et améliorations urgentes pour l'agriculture sont : la réduction de l'impôt foncier et des droits de mutation, une loi qui facilite l'échange des parcelles, de grands encouragements pour l'élevage, la réduction des tarifs de chemins de fer, surtout pour les matières fertilisantes, la création de laboratoires d'analyses, un grand développement donné à l'instruction agricole et la propagation des publications utiles, l'emploi de tous les moyens possibles pour empêcher l'émigration dans les villes, l'organisation de toutes les assurances par l'État, la création d'hospices cantonaux pour les ouvriers ruraux. — Suivant un correspondant de la Meuse, des dégrèvements utiles à l'agriculture devraient être opérés sur les droits relatifs au sucre, au vin et à l'eau-de-vie. D'après un autre correspondant du même département, l'État devrait, tout en donnant une vive impulsion à l'agriculture par une diminution considérable de l'impôt du sucre, ce qui développperait la culture de la betterave, augmenter dans de vastes proportions l'enseignement agricole, en recevant à l'Institut agronomique un plus grand nombre d'élèves, afin de former une pépinière de professeurs habiles et instruits, et en créant dans chaque arrondissement, au moins, une école pratique d'agriculture,

6° *Région de l'Est.* — Le correspondant de l'Ain demande que l'État fasse pour l'agriculture ce qu'il a fait pour l'industrie au point de vue de la législation, du crédit, des échanges, des dégrèvements, de l'instruction, etc.; que les départements entrent plus largement dans la voie de l'enseignement agricole, des études et des encouragements agronomiques; que, dans chaque département, il y ait des écoles moyennes d'agriculture, surtout au point de vue d'amener l'accroissement des cultures fourragères et la division des grandes fermes en fermes moyennes et en métairies. — Un correspondant de la Côte-d'Or demande la diminution des taxes exagérées des octrois sur les vins. — Un correspondant du département du Jura demande qu'on donne à l'agriculture en primes d'encouragement les sommes accordées à l'industrie pour protéger celle-ci. — Notre correspondant de Saône-et-Loire insiste sur la nécessité de poursuivre les délits ruraux avec autant de sévérité que tous les autres délits, sans forcer le cultivateur à se porter partie civile, sur celle de présenter un projet de loi pour assurer la destruction des loups, sur l'importance de la répression des fraudes sur les engrais, sur l'établissement du livret obligatoire pour les ouvriers ruraux, sur la règlementation du colportage de la viande, sur l'affranchissement des associations agricoles, sur la convenance de ne plus rendre le Ministère de l'agriculture un appendice du Ministère du commerce, sur l'organisation du crédit agricole.

7° *Région de l'Ouest central.* — D'après un correspondant de la Charente-Inférieure, les améliorations les plus importantes à demander sont : 1° Le développement de l'enseignement agricole, non-seulement dans les écoles rurales, mais dans les colléges et les lycées ; 2° de larges encouragements donnés par les Comices pour l'emploi des instruments perfectionnés ; 3° la simplification des mesures de perception sur les liquides, avec des pénalités plus élevées pour les fraudeurs des droits du fisc. D'après un autre correspondant du même département, il faudrait surtout donner des encouragements aux familles nombreuses et l'éducation chrétienne aux jeunes générations. D'après un troisième correspondant, les améliorations et les réformes qui seraient de nature à assurer la prospérité de l'agriculture seraient : l'égalité entre l'agriculture et l'industrie, la modification de la loi sur l'échenillage, la suppression des lois sur le cheptel, la modification du régime hypothécaire et de la législation des gages, la modification des prescriptions légales relatives aux frais de succession des veuves et des orphelins, la liberté de tester, celle de l'enseignement, la suppression des octrois. Enfin, un quatrième correspondant du même département demande une modification radicale dans les lois relatives au régime des boissons. — Pour un correspondant de la Vendée, il est surtout indispensable « de donner des encouragements de toutes sortes à l'agriculture et de diminuer les

charges qui pèsent sur elle, directement et indirectement. »
— Notre correspondant de la Haute-Vienne signale, parmi
les remèdes à la crise agricole, le dégrèvement des droits
de mutation et d'enregistrement, ainsi qu'une assiette plus
équitable des droits sur les successions, calculés non sur la
valeur intrinsèque des biens, mais après déduction faite
des dettes qui les grèvent.

8° *Région du Sud-Ouest.* — Pour un correspondant de
l'Ariège, il faudrait une modification des tarifs de chemins
de fer, en ce sens qu'ils transportent les produits étrangers
à des prix moins élevés que les produits indigènes. — Un
correspondant de Lot-et-Garonne estime qu'il faudrait
restituer, par tous les moyens possibles, à l'agriculture les
bras qu'elle a perdus et réduire les charges qui pèsent sur
elle. — Notre correspondant des Basses-Pyrénées appelle
l'attention sur la nécessité de mieux éclairer le gouvernement de la situation de l'agriculture, par une réforme
radicale des informations de statistique.

9° *Région du Sud central.* — D'après un correspondant
de l'Aveyron, il faudrait une modification profonde des
tarifs sur les chemins de fer et les canaux. — Notre correspondant de la Creuse, pour favoriser les progrès de
l'agriculture, estime que les moyens à employer sont
d'ordre législatif, d'ordre gouvernemental, ou d'ordre
purement agricole. Dans la première classe, il place des
dégrvement de la propriété rurale, l'organisation d'un crédit
agricole efficace, la réduction de la durée du service militaire, l'aliénation et le partage des biens communaux, une
réforme de la législation sur les foires et marchés pour en
amener la réduction ; dans la seconde classe, la création
de banques agricoles, celle d'une assurance mutuelle em-
brassant tout le territoire, l'augmentation des encouragements pour les reboisements, les irrigations, les prairies et
pour les Comices, la mise à la disposition du cultivateur
de travailleurs militaires pour les ensemencements, enfin
le développement de l'instruction agricole ; dans la troi-

sième classe enfin, il range l'extention des prairies irriguées, la transformation des pâtures, l'extension de la culture du Maïs-fourrage, du Topinambour et de la Betterave, la pratique des labours profonds, l'amélioration des assolements, l'invention de quelques instruments nouveaux.

— Le plus pressant serait, pour un correspondant du Lot, un dégrèvement des impôts qui frappent la circulation des vins.

10° *Région de l'Est central*, et 11° *Région du Sud*. — Aucune demande de réformes spéciales n'est faite pour ces deux régions.

12° *Région du Sud-Est*. —Un correspondant des Basses-Alpes demande la création de nouveaux canaux d'irrigation, l'amélioration de la grande et de la petite voierie, la diminution des impôts qui frappent l'agriculture, une plus grande sollicitude envers les pays pauvres en vue d'en empêcher la dépopulation, la suppression des tarifs différentiels. Pour les Hautes-Alpes, un correspondant demande l'introduction, dans le département, des étalons de races d'animaux perfectionnées, de larges encouragements à la création des canaux d'irrigation, l'extension des voies ferrées. — Un correspondant de la Drôme demande une plus énergique surveillance sur la vente des engrais, la généralisation des irrigations, le remaniement du cadastre, la suppression des prestations en nature, l'augmentation de la taxe sur les chiens de luxe, la réforme du régime dotal, la stabilité du ministère de l'agriculture, la création de bibliothèques agricoles, celle d'un laboratoire départemental, des encouragements à la viticulture, la modification du système militaire, la révision des lois sur les droits d'enregistrement relatifs aux successions. — Les correspondants de Vaucluse sont unanimes pour demander la création de nouveaux canaux d'irrigation. Un d'entre eux demande, en outre, la fondation d'institutions de crédit agricole. Un autre insiste sur la création du canal Dumont, l'application de l'eau à la submersion des vignes, des allocations en faveur de pépinières de cépages américains, le dégrèvement temporaire des jeunes plantations de vignes, la facilité pour les échanges de parcelles, des modifications aux lois sur la procédure civile et les frais de justice, des réformes fiscales, la diminution de l'impôt foncier, des droits de mutation, l'organisation du service médical dans les campagnes, le développement de l'instruction primaire agricole.

Il est bien entendu que toutes ces demandes sont indépendantes de réformes dans la législation douanière et de la question des traités de commerce. Elles forment d'ailleurs un tableau assez succinct pour rendre inutile un nouveau résumé.

CHAPITRE XV

*Sur le questionnaire de M. le Ministre de l'agriculture.
— Réponses envoyées par M. d'ANDELARRE, correspondant de la Haute-Saône, à la date du 27 décembre 1879.*

En s'adressant à ses Correspondants, la Société avait voulu, surtout, obtenir d'eux des éléments sur lesquels elle pourrait baser les réponses qu'elle pourrait faire, après discussion, au questionnaire de M. le Ministre de l'agriculture. Elle ne demandait pas les réponses qu'elle - même aurait à donner, mais elle voulait des éclaircissements sur des faits simples et bien définis, que la connaissance des localités pouvait facilement établir. Quelques-uns des Correspondants n'ont pas voulu suivre cette voie ; ils ont préféré répondre soit aux sept questions ministérielles elles-mêmes, soit à quelques-unes d'entre elles seulement, la complexité souriant davantage à leur esprit que la simplicité. Telles sont les Notes insérées dans le premier volume de l'Enquête sous les numéros 12, 22, 27, 39, 55, 61 et 86.

Postérieurement à la publication de ce volume et à la rédaction des quatorze chapitres résumés qui précèdent,

M. le marquis d'Andelarre, correspondant à Andelarre, par Vesoul (Haute-Saône), a envoyé, à la date du 17 décembre 1879, un travail rédigé sur le même plan des Questions ministérielles. La Commission d'Enquête a décidé que, malgré son arrivée tardive, ce travail serait publié afin que les agriculteurs eussent entre les mains, les réponses de tous ceux qui, ayant autorité dans le débat, par leur situation, ont voulu prendre la parole, même au dernier moment.

La réponse de M. d'Andelarre est la 89ᵉ, elle ne change d'ailleurs rien aux résumés eux-mêmes, une voix dans un sens ou dans l'autre, ne pouvant les affecter.

Réponse à la première question ministérielle.

« Avant 1861, l'équilibre existait entre le prix de revient et le prix de vente du produit. Il y avait eu souvent de grandes souffrances causées par l'intempérie des saisons, mais les esprits étaient sans inquiétude, car ils savaient qu'ils n'avaient à compter qu'avec elle. Le Blé, ce produit français par excellence, puisqu'il se chiffre par deux milliards, était relativement bon marché, mais à un prix rémunérateur (21 fr. 31 l'hectolitre en moyenne, pendant les quinze années qui ont précédé la loi du 15 juin 1861), soumis aux seules fluctuations du marché national. La législation de l'échelle mobile, qui garantissait tour à tour les intérêts du producteur et ceux du consommateur, eût été maintenue aux applaudissements de l'un et de l'autre, si une rude expérience, celle de 1847, qu'il ne faut pas tenter deux fois, n'eût appris qu'elle était insuffisante dans les cas de disette et bien plus de famine. Le prix du bétail et des dérivés du bétail, la laine, les peaux, les fromages augmentaient jour par jour et suivaient à la fois, et le progrès agricole par la culture de plus en plus développée des prairies naturelles, artificielles et temporaires, et celui de l'aisance publique, qui se traduisait par une plus grande consommation de la viande. La main-d'œuvre, ce facteur

principal de l'agriculture, était abondante et le prix proportionnel à la valeur du produit. La terre était recherchée,
le fermage, et j'entends par là non-seulement celui que le
fermier paie au propriétaire du sol, *au riche, au bour-
geois*, mais celui qu'il se paie à lui-même par la vente du
produit, qui est la rémunération de son travail. Le fermage,
dis-je, était proportionnel à la valeur de la terre, au grand
profit de la richesse publique, et les fermes ne restaient
jamais veuves de leurs fermiers. Les impôts étaient relativement modérés, 2 milliards au plus ; le progrès se faisait
jour par jour, et l'aisance générale le suivait.

Réponse à la deuxième question ministérielle.

« § I. *Région des céréales.* — Depuis **1861**, l'équilibre
est rompu ; l'intempérie des saisons avait souvent occa-
sionné de grandes souffrances, mais le cultivateur savait
qu'une bonne année en compenserait une mauvaise, et,
en l'attendant, il travaillait plus et dépensait moins. Aujourd'hui les esprits sont inquiets ; les plus mauvaises récoltes que la France ait subies se succèdent, et les prix
restent presque stationnaires ; les cultivateurs ne parlent
plus que de réduire la culture du Blé. Sous l'influence
d'une concurrence illimitée que l'on comprend jusqu'à un
certain point quand il s'agit du pain, que l'on ne comprend
plus quand il s'agit de la viande, des laines, des peaux,
des suifs ; le prix du bétail diminue, les laines, les peaux
sont avilies, les troupeaux de moutons ont diminué d'un
cinquième ; les porcs ont presque disparu du marché. En
présence de [ces avilissements des prix, celui de la main-
d'œuvre, qui s'est raréfiée, s'est élevé de **40** pour **100**, et
le fils du cultivateur, qui ne trouve plus dans la vente du
produit la rémunération de son travail, va la demander au
chemin de fer, à l'industrie, à un petit emploi, s'il peut
l'obtenir ; les impôts qui frappent la terre sont doublés,

quand le produit est stationnaire, et l'on n'entend parler partout que de l'expédient de l'abaissement des prix de fermage, qui ne résout rien, que la détresse publique. Tel est le bilan de l'agriculture dressé dans chaque ferme, dans chaque chaumière par des hommes aussi impartiaux qu'éclairés (1).

« § II. *Pays d'herbage.* — Il n'en est pas de même dans les pays d'herbage qui sont relativement prospères, et je me hâte de le constater parce qu'ils confirment tout ce que nous avons dit et que nous allons dire.

Réponse à la troisième question ministérielle.

« Il faut encore distinguer ici, entre la région des céréales et les pays d'herbage.

« Dans la région des céréales, la condition est mauvaise pour tout, excepté pour l'ouvrier agricole. Cette condition s'empire à mesure que la propriété est plus importante, et exige plus de main-d'œuvre. Elle est *très-mauvaise* pour le [grand propriétaire qui subit ou subira, à courte échéance une réduction de fermage de 25 à 30 pour 100.

« *Mauvaise* pour le moyen, qui subit ou en subira une de 15 à 20 pour 100.

« *Moins frappante* pour le petit, qui ne se rend pas compte que la rémunération de son travail étant payée par la vente de ses produits, diminue d'autant plus que le prix de vente de ces produits diminue lui-même.

« Dans les pays d'herbage, où l'on emploie relativement beaucoup moins de main-d'œuvre, où, malgré la baisse du moment, le prix de vente est plus élevé, où les fumures sont beaucoup plus abondantes, et sont moins indispen-

---

(1) Réponse d'un grand nombre de cultivateurs à qui j'ai transmis le questionnaire.

sables, la condition est meilleure, et on ne parle pas de l'abaissement des fermages.

« J'ai dit dans ma réponse à la première et à la seconde question de l'enquête, quelles étaient les souffrances qui avaient forcé l'agriculture à élever la voix qu'elle n'élève jamais, dit M. Necker, qu'au jour de la détresse (1).

« Le questionnaire m'appelle actuellement à indiquer par quels moyens(procédés culturants,moissonnages et autres), l'agriculteur peut remédier partiellement à la situation qui est faite à l'agriculture.

« Le moment est venu, il est déjà peut-être tard, d'en chercher le remède, pour le découvrir, il faut, avant tout, connaître la cause du mal.

« Cette cause doit-elle être cherchée ailleurs que dans les faits nouveaux qui se sont produits depuis 1861 ? Je ne le pense pas.

« Je pense :

« Que la cause de l'inquiétude qui règne dans les esprits est bien moins dans la plus mauvaise récolte du siècle qui exigera l'importation en France de plus de 30,000,000 d'hectolitres de blés étrangers (2), que dans la rupture de l'équilibre entre le prix de revient du blé comparé au prix de vente du produit, et dans l'abaissement du prix du bétail, dernière carte que l'agriculture ait gardée dans son jeu ;

« Que la cause de la rupture de l'équilibre dont l'agriculture se plaint est tout entière dans la rareté de la main-d'œuvre qui paralyse le travail, non moins que dans l'élévation de son prix, rareté et élévation qui frappent le petit cultivateur dans la même proportion que le grand cultiva-

---

(1) La Haute-Saône et la Côte-d'Or n'ont produit que 60 pour 100 d'une récolte ordinaire.

(2) Traité sur la législation, le commerce des grains.

teur ou fermier, par cette raison sans réplique qu'il ne trouve le prix de son travail que dans la vente de ses produits :

« Que l'élévation du prix de la main-d'œuvre, qui cause la perturbation actuelle, persiste et persistera, l'agriculture elle-même préférant chercher par d'autres moyens le rétablissement de l'équilibre, parce qu'elle reconnaît que l'élévation du salaire est la résultante de l'élévation générale des prix, et qu'elle ne veut pas que le sort de ses ouvriers soit au-dessous de celui des ouvriers de l'industrie et de leurs besoins ;

« Que si le maintien du bas prix du blé dû à la concurrence américaine est motivé par l'intérêt du consommateur « qui ne peut se passer de pain » (1), il n'en est pas de même du bétail et des produits du bétail qui sont loin d'être nécessaires au même degré, et dont le législateur peut relever les droits d'entrée sans nuire à l'alimentation publique.

« Enfin que l'élévation de l'impôt qui frappe la terre et notamment l'impôt à outrance de la prestation en nature, qu'on applique aux routes départementales, par une interprétation illogique de cette législation, dont la raison d'être est tout entière dans l'intérêt local qui domine la question, que cette élévation, disons-nous, est une cause nouvelle de la détresse de l'agriculture, qui n'a pas une heure ni une force à dépenser en dehors de la situation qui lui est faite.

« Ainsi, les faits nouveaux qui se sont produits depuis 1861 et que j'ai relevés, portent avec eux les motifs vrais, les causes réelles de la détresse de l'agriculture.

« Ces causes multiples et déterminantes des souffrances de l'agriculture « *que le législateur doit étudier parce qu'elle n'élève la voix que dans la détresse* », ainsi établies :

(1) Exposé des motifs.

« Par ses plaintes unanimes ;

« Par les paroles éloquentes et amères de ses organes
naturels, la Société des Agriculteurs de France et la réunion
plénière des Sociétés d'agriculture et des Comices sous la
puissante initiative de M. Estancelin.

« Par l'inquiétude qui règne dans les esprits ;

« Par la désertion du fermage, qui ne fait que commencer,
mais qui va suivre, et par le fléau de l'émigration des campagnes, phylloxera moral, qui envahit l'agriculture jusqu'à
sa racine, l'ouvrier de la terre, et jusqu'au fils du cultivateur lui-même qui ne trouve plus, dans le prix de vente du
produit avili, la rénumération de son travail.

Réponse à la cinquième question ministérielle.

« Les traités de commerce n'ont eu sur la situation présente qu'une influence de *reflet*, mais cette influence a été
fatale, car les tarifs de la loi du 15 juin 1861 et des autres
lois de douanes ont été inspirés par le souffle funeste de
1860 et dictés par l'utopie, malgré les avertissement unanimes des amis de cette grande force des États qu'on appelle l'agriculture, malgré le caractère particulier que pro-
clamait le gouvernement en présentant ces lois lorsqu'il
disait : « La règlementation du commerce des grains et
autres denrées alimentaires de première nécessité touche
à deux intérêts de premier ordre qu'il faut *également protéger sans sacrifier l'un à l'autre, l'intérêt de l'agriculture
qui produit* et *l'intérêt du consommateur* qui ne peut se
passer du produit. »

« Libre dans son action, n'ayant d'engagement avec personne, aucun traité de commerce à dénoncer (1), n'ayant
devant lui que des lois de douanes, « par conséquent clas-

_____

1) Le résultat fatal des traités, *quoique ces produits n'y fussent
pas implicitement compris*, a été de faire supprimer les droits sur
les laines, les suifs, les issues des bestiaux, les peaux, les cornes, etc.
(M. Pouyer-Quertier, conférence économique à Lille).

sées parmi les lois *les plus sujettes à changement et à modification,* » comme le disait le rapporteur du Sénat, le législateur est d'autant plus inexcusable de n'avoir pas révisé la législation douanière agricole, qu'il avait conservé la plénitude de sa souveraineté; que les avertissements unanimes des amis de l'agriculture signalaient l'abandon de l'élevage du mouton, réduit de 25 pour 100 par suite de l'avilissement des laines qui restent invendues; l'abaissement des prix du bétail, dont l'invasion étrangère est plus à craindre, disait le maréchal Bugeaud, que l'invasion des Cosaques; la disparition du porc de nos marchés, le porc si nécessaire à nos fromageries et à nos chalets, signes précurseurs de la situation présente, pour laquelle les avertissements n'ont pas manqué, mais qui se sont brisés contre l'utopie et la manie funeste de l'imitation dans des conditions qui en faisaient une immense et coupable duperie.

« Je ne parle ici que du bétail et des dérivés du bétail, me réservant d'entretenir la Société nationale du Blé en traitant la septième question, que le programme m'appelle à examiner tout à l'heure.

Réponse à la sixième question ministérielle.

« Je crois ne pouvoir mieux répondre à la sixième question du programme, qu'en rappellant ce que je disais aux cultivateurs qui entouraient le bureau du Comice le 15 septembre 1878 à Scey-sur-Saône.

« Je demande donc la permission de reproduire ici ces paroles, qui visaient à la fois les causes de la détresse dont se plaignait l'agriculture, et les moyens qui me paraissaient proprse à y remédier et dont l'agriculture dispose.

« *Rareté de la main-d'œuvre,* beaucoup trop éparpillée dans la culture à la main qu'il importe de réduire, et par suite *cherté excessive* en présence d'un produit trop peu abondant pour être rénumérateur, de sorte que l'agriculture se trouve à la fois, en présence d'un travail d'ores et déjà hors de proportion avec la main-d'œuvre dont elle dispose, dans la nécessité, à peine de périr, de doubler ce travail par suite des nouveaux besoins qui s'imposent, défoncements, binages, chaulages, marnages, création de prairies naturelles, artificielles, temporaires, clôtures, plantations, maladies des plantes, et dans cette situation, si triste pour elle, de voir ses ouvriers moins payés que ceux de l'industrie, en présence de produits insuffisants pour donner des salaires égaux à ceux de l'industrie.

« *Insuffisance du rendement du Blé* par hectare, démontrée par cette double circonstance que les importations excèdent les exportations (1), et que la moyenne du produit par hectare est de 14 hectolitres (2), ce qui exige, pour répondre aux besoins de la France (3), l'affectation de 7,000,000 d'hectares, qui représentent le tiers de la surface arable.

« *Insuffisance du bétail de travail et d'engrais*, hors de proportion, et je m'en applaudis, avec les besoins d'un pays où l'ouvrier de l'industrie et de l'agriculture a renoncé au pain d'orge et au maïs, pour se nourrir du pain de Blé et de viande.

« Telles sont les principales difficultés de l'agriculture à l'heure qu'il est, difficultés dont nous n'avons ni exagéré, ni réduit le tableau, et qu'il faut bien savoir pour les vaincre.

« A ces difficultés, qu'opposent les hommes de cœur et d'initiative qui sentent grandir leur courage avec les difficultés ?

« *A la rareté, à la cherté, à l'insuffisance de la main-d'œuvre*, ils opposent le travail automatique des machines, dont la cause est gagnée, mais qu'il s'agit de vulgariser

---

(1) 500,652 hectolitres par an de 1821 à 1862 ; — 2,820,635 hectolitres de 1861 à 1865.

(2) 14 hectolitres 10 litres par hectare de 1821 à 1865.

(3) 1 million d'hectolitres pour l'alimentation et la semence.

définitivement et de perfectionner, depuis la houe à cheval jusqu'à la machine à vapeur. Je vous étonnerais, Mes-
sieurs, si je vous présentais le bilan de toutes les machines
qui fonctionnent dans la Haute-Saône. Je ne vous citerai
qu'un fait. Les primes que nous avons offertes aux cultivateurs, les sommes relativement importantes que nous
avons mises à leur disposition en 1878 pour l'acquisition
des machines, et en faveur desquelles nous avons sacrifié
jusqu'à notre prime d'honneur, n'ont pas trouvé de preneurs. Est-ce par dédain ou par manque de foi dans les
machines? Ni l'un ni l'autre. Les cultivateurs n'ont pas
voulu de nos primes, parce qu'ils ont préféré acheter eux-
mêmes les machines, et nous avons l'espoir de vous an-
noncer l'année prochaine, à Port-sur-Saône, qu'il n'y a
pas une commune de la circonscription du comice qui ne
soit pourvue d'une ou plusieurs moissonneuses, d'une ou
plusieurs faucheuses, râteleuses ou faneuses.

« A *l'insuffisance du rendement du Blé par hectare*, ils
opposent, non l'accroissement des terres cultivées en Blé,
ce ne serait que déplacer la difficulté et étendre le mal qui
ronge l'agriculture, mais, au contraire, la réduction des
deux tiers à moitié de la surface cultivée en Blé et autres
céréales, en d'autres termes, le changement de l'assolement triennal qui nous ruine, par la substitution de l'assolement alterne qui enrichira le pays. Sans entrer ici dans
une discussion que nous soutenons devant vous depuis
tantôt quarante ans, nous vous demandons la permission
de vous dire : En réduisant du tiers au quart la culture du
Blé, en cultivant moins et en cultivant mieux, nous obtiendrons le même rendement, avec un accroissement du produit par hectare et une diminution du prix de revient. La
diminution du prix de revient est facile à démontrer ; il
est moins cher de semer, de fumer, de travailler 10 hectares que d'en travailler 14. Quant au produit, il sera plus
fort : 1° parce qu'on ne sèmera en Blé que les meilleures
terres, les moins bonnes étant appliquées aux céréales

moins exigeantes ; 2° parce qu'on fumera davantage en n'ayant que moitié au lieu des deux tiers à semer en céréales ; 3° parce qu'on disposera d'une plus grande masse de fumier en reportant les terres cultivées aujourd'hui en céréales dans la proportion de 16 pour 100 aux plantes destinées à l'alimentation du bétail.

« *A l'insuffisance du bétail de travail ou de rente,* dont le prix augmente et augmentera tous les jours, les hommes d'initiative opposent, comme nous venons de le dire, l'affectation à l'alimentation du bétail de toute la réduction des deux tiers à moitié des céréales dont nous venons de parler, à la création des prairies naturelles, iartificielles ou temporaires, à l'accroissement des plantes sarclées, qui permettront de nourrir un tiers au moins de bétail de plus, soit une tête et demie de bétail par hectare, que nous obtiendrons facilement, tandis que nous ne pouvons obtenir, à l'heure qu'il est, une tête par hectare que nous exigeons dans nos concours.

Réponse à la septième question ministérielle.

« Après avoir demandé quelles sont les améliorations et les réformes culturales qu'il serait possible aux cultivateurs de réaliser, dans un avenir prochain, pour changer leur situation et accroître leur profit, M. le Ministre de l'agriculture pose la question de savoir par quelles mesures et par quels encouragements spéciaux l'Etat pourrait concourir à l'œuvre de transformation dont il prend aujourd'hui l'initiative (1).

« Je me hâte de le répéter ici : l'État est libre de faire ce qu'il voudra, il n'a aliéné sa liberté entre les mains d'aucune nation du monde, car il n'existe aucun traité de commerce à dénoncer ou à modifier relativement aux produits

----

(1) Questions 6 et 7. Cette initiative, due à un ministre qui n'est pas agriculteur, fait le plus grand honneur à M. Tirard et mérite la reconnaissance de l'agriculture.

agricoles ; il peut agir dans la plénitude de sa souveraineté.

« Ceci posé, et en présence de cette situation absolument libre de l'Etat, qu'il a maintenue malgré les excitations dont il a été l'objet de la part de l'Ecole, je répète également que l'influence du libre échange a inspiré les tarifs de la loi du 15 juin 1861 et de toutes les autres lois douanières, qui ont produit, comme cela avait été annoncé par toutes les personnes sensées, la situation qui existe aujourd'hui, et dont il s'agit de sortir, s'il en est temps encore.

« Que la responsabilité de cette situation retombe sur ceux qui l'ont faite, et qu'elle serve de leçon ! Elle est assez lourde pour peser sur une vie entière ! Quant à nous, nous avons autre chose à faire pour réparer le mal qu'ils ont fait, car, en pareil cas, les minutes sont des heures, et les heures des années.

« Maintenant, le réponds à la question posée par M. le Ministre.

« Les mesures que l'Etat peut prendre pour sortir l'agriculture de la détresse où elle se débat sont de deux sortes, les mesures législatives et les mesures financières.

« Quant aux mesures législatives, elles consistent dans la révision des tarifs.

« Quant au Blé, je l'ai dit, la situation n'est plus la même que celle de l'année dernière ; il est à peu près aujourd'hui au prix prévu l'année dernière par la Société des agriculteurs de France, pour la suppression de l'augmentation de la tarification. Demain, peut-être, sous l'influence de la déplorable récolte de 1879, qui s'accuse de plus en plus chaque jour en Angleterre, comme en France et en Italie, on proposera au législateur d'accorder des primes à l'entrée des Blés étrangers. Ce n'est pas le cas de lui proposer une augmentation du droit fiscal.

« La loi du 15 juin 1861 suffit donc, quant au Blé, dans l'état actuel des affaires.

« Il n'en est pas de même du petit Blé, ni surtout du bétail, et particulièrement des laines (1), dont la dépréciation, qui ne fait que s'accentuer tous les jours, est une calamité publique.

« Il n'y a pas une heure à perdre pour relever ces tarifs, dans les conditions indiquées par la réunion des Comices de France, provoquée par l'initiative de l'honorable M. Estancelin.

« Quant aux mesures financières.

« J'ai dit, en énumérant les moyens que l'agriculture doit employer pour remédier au mal et opérer sa transformation, que la vulgarisation, dans la dernière commune de France, dans le dernier hameau, des machines agricoles destinées à remplacer la main-d'œuvre absente, figurait au premier rang.

« Sans vouloir ici entrer dans aucun détail d'exécution que je suis prêt à donner, je dirai à l'Etat : l'acquisition de 300,000 moissonneuses à 1,000 francs l'une, et de 300,000 houes à cheval, faneuses et râteleuses, coûtant ensemble 1,000 francs, faisant un total de 600 millions, est au-dessus des forces de l'agriculture, qui n'a ni argent ni crédit. C'est à vous seul qu'il appartient d'y pourvoir. Faites pour l'outillage agricole ce que vous avez fait par les lois des 11 juillet 1868 et 10 avril 1879, avec quel succès, tout le monde le sait, en faveur de la première nécessité de l'agriculture, les chemins vicinaux (2). Cette somme de 600 millions serait répartie en dix années, par annuités de 60 millions, et remise entre les mains d'entrepreneurs solvables, sous la garantie des communes et des Conseils généraux, et remboursable en trente annuités aux intérêts de 4 pour 100, y compris l'amortissement.

« Ce sera votre réponse à l'agriculture en détresse, ce sera à la fois une bonne action et une bonne affaire, car vous rentrerez dans vos fonds, et vous aurez rendu à l'agriculture la vie qui lui échappe et le courage qui l'abandonne. »

(1) J'ai vendu, à vil prix, la moitié de mes laines de 1879, mérinos et dishley-mérinos, la seconde moitié est invendue.

(2) Ouverture de deux crédits de 300 millions chacun.

CHAPITRE XVI

Observations sur les résultats de l'Enquête, par M. Pluchet, *membre de la Société et de la Commission d'Enquête.*

Notre confrère, M. Pluchet, membre de la Commission,
n'ayant pu, par suite d'une indisposition, assister à
quelques-unes des séances de la Commission de l'Enquête,
a adressé par écrit des observations sur les résultats de
l'Enquête. Le Commissaire a pensé devoir les faire connaître; elles sont ainsi conçues :

« Une observation digne de remarque se dégage d'abord
de toutes les réponses de l'enquête sans exception.

« L'agriculture est partout en souffrance, soit que l'on
considère l'état présent de la culture dans la région de
l'Ouest qui produit à la fois le bétail et les grains, soit que
l'on envisage la situation du Nord et du Nord-Ouest, où
l'industrie agricole (fabrication du sucre et distillerie)
annexée à la ferme, a porté la culture du sol, au plus haut
degré de perfection qu'elle ait encore atteint, soit que l'on

examine ce qui se passe dans les régions de l'Est, du Midi et du Sud-Ouest, partout la situation actuelle nous est présentée comme précaire dans le présent et inquiétante pour l'avenir si elle se prolonge.

« Partout encore, on retrouve une observation qui est commune à toutes les régions de notre pays.

« L'agriculture est aux prises avec des charges et des difficultés qui l'épuisent et sous le poids desquelles elle peut succomber :

« 1° Main-d'œuvre agricole augmentée de 40 pour 100, rare, insuffisante et difficile.

« 2° Augmentation des impositions départementales et communale, directes, indirectes.

« 3° Augmentation des baux.

« 4° Enregistrement, assurances, etc.

« 5° Diminution du prix des laines, des sucres, des alcools, des huiles, des abats et entrée en franchise des mélasses étrangères, concurrence sans compensation aux produits de toutes les récoltes qui ont remplacé la jachère et qui peuvent seules aider à la production économique des grains.

« Qu'il me soit permis d'ajouter :

« Niveau constant du prix des grains à un taux inférieur à celui de l'élévation constante de toutes les conditions économiques dans lesquels ils sont produits.

« Opposition systématique et malveillante faite par une certaine presse à toutes les réclamations agricoles, excitation à la défiance vis-à-vis de l'agriculture.

« Voilà la condition qui est faite aujourd'hui à l'agriculture ; il en résulte une situation très-tendue qui n'est pas assez connue, mais qui a déjà obligé un certain nombre de cultivateurs à abandonner leurs fermes, tandis que ceux qui persévèrent s'arrièrent avec leurs propriétaires et seront, peut-être bientôt, dans l'impossibilité de continuer une lutte impossible.

« Il est un troisième point sur lequel les réponses de l'enquête sont encore unanimes.

« L'agriculture se trouve, vis-à-vis de l'industrie, au point de vue de la législation douanière, dans des conditions d'inégalité et d'infériorité déplorables, parce que l'industrie est protégée contre les produits similaires par des droits de 10, 20, 30, 40 pour 100, tandis que l'agriculture, qui n'est pas protégée, se rencontre sur le marché national avec des produits étrangers introduits en France avec le bénéfice de drawback fort importants.

« Enfin pour se procurer les bras qui lui sont nécessaires, l'agriculture est obligée de soutenir pour la main-d'œuvre, la concurrence de l'industrie qui lui enlève, malgré tout, ses ouvriers les plus intelligents, ce qui fait que, malgré l'élévation des salaires agricoles, les travaux des champs sont souvent retardés par le manque de bras et mal exécutés quoique chèrement payés.

« D'accord sur le compte des charges qui pèsent sur l'agriculture, tous les avis émis à l'enquête, sans se prononcer de la même manière sur le sens de l'égalité des conditions à établir entre l'agriculture et l'industrie, sont unanimes pour réclamer cette égalité.

« A quelque opinion économique que l'on appartienne, il est impossible de ne pas être frappé du caractère grave et général de profond découragement qui ressort d'un grand nombre des plaintes que la situation actuelle de l'agriculture arrache à ceux qui en sont les premières victimes ou les témoins intéressés. Il est impossible, en même temps de méconnaître que l'agriculture qui occupe et fait vivre les deux tiers de la population en France, tient par tous ses côtés à toutes les industries nationales, et que le travail à tous les degrés peut être atteint par la prolongation de la crise agricole.

« Partout en province on entend répéter dans le petit et dans le moyen commerce : la culture ne fait pas d'argent, on ne fait rien ; ou bien, ailleurs : rien ne va.

« Il y a, dans ces simples mots, une sincère et triste révélation de l'état des affaires.

« C'est en vain que l'on cherche à rassurer le cultivateur français en stimulant son amour propre, en exaltant la supériorité des moyens que la science moderne a mis à sa disposition ; comme si, du même coup, ces moyens énergiques n'étaient pas passés dans les mains des producteurs d'Amérique, d'Autriche, du Canada, où les conditions économiques sont si différentes pour ceux qui exploitent presque sans fermage et sans impôts les immenses surfaces du sol vierge de ces contrées. Il est impossible à l'agriculteur français de lutter contre la concurrence étrangère, sans que des droits compensateurs sagement proportionnés à l'importance économique des produits et à leur effet utile, mettent le cultivateur français en état de se soutenir et de prospérer. Aujourd'hui il marche fatalement à sa ruine.

« Dieu sait quelles en seraient les conséquences pour la France ! »

CHAPITRE XVII

*Note sur la situation de l'industrie forestière, par
M. Clavé, membre de la Société et de la Commission
d'enquête.*

Dans la séance du 24 décembre de la Commission,
M. Clavé a donné lecture de la Note suivante comme devant
faire la base de la réponse de la Société à M. le Ministre
de l'agriculture en ce qui concerne l'industrie forestière :

« Avant 1860, les bois à brûler, les bois bruts ou équarris, les sciages de Chêne et de Noyer, étaient exempts de
droits ; les sciages d'autres essences, les merrains, écha-
lats, éclisses, etc., payaient des droits insignifiants, plus
3 fr. par 100 kilogr. pour ceux qui venaient des entrepôts
d'Europe ; les écorces à tan payaient 2 fr. à l'entrée, mais
étaient prohibées à la sortie. Les traités de commerce, en
admettant ces divers produits en franchise, n'ont pu avoir
une influence sensible sur les prix en raison de la modération des droits qui les frappaient, mais la propriété fo-

restière a bénéficié du mouvement industriel que ces traités ont imprimé à la production générale du pays.

« Le prix des bois n'a, en effet, cessé de s'accroître, malgré l'emploi toujours plus grand du fer dans les constructions et de la houille comme combustible. Le revenu des forêts de l'Etat qui, en 1850, était de 34,183,000 fr., s'est élevé, en 1869, à 37,545,000 fr., et à 35,440,000 fr. en 1873, quoique les aliénations effectuées sous l'Empire, la perte des forêts de l'Alsace-Lorraine et la restitution des forêts confisquées à la famille d'Orléans aient diminué la contenance primitive de plus de 200,000 hectares et quoique, d'autre part, les conversions de taillis en futaie aient, dans ces dernières années, atténué sensiblement l'importance des coupes annuelles.

« Dans le bassin de Paris, le stère de chauffage de bois dur qui, en 1860, valait, sur pied, environ 9 fr., en vaut 13 aujourd'hui ; le stère de bois blanc a passé de 7 à 10 ; le bois à charbon de 4 à 6 fr. ; la grosse charpente de 55 fr. le mètre cube à 65 fr. et au delà, suivant les dimensions et les qualités du bois. La petite charpente a peu varié ; mais les bois d'industrie ont suivi une progression analogue. Partout où de nouvelles voies ont été créées, les produits forestiers ont vu leurs prix s'accroître proportionnellement à l'importance des débouchés qui s'ouvraient devant eux. Les bois du Jura, des Vosges, des Landes même qui, autrefois, étaient consommés sur place et n'avaient qu'une valeur minime, sont aujourd'hui expédiés jusqu'à Paris et s'y vendent avantageusement. La substitution de la houille au bois dans les haut-fourneaux a, pendant un moment, pesé sur le prix des bois à charbon ; mais aujourd'hui, ce prix a repris son niveau.

« C'est que la France est loin de produire le bois dont elle a besoin, et, de tout temps, elle a dû en faire venir de l'étranger pour des sommes considérables. Les importations de produits ligneux, non compris les bois d'ébénisterie, n'ont fait que s'accroître d'année en année ;

en 1850, elles étaient de 50,100,000 fr.; en 1860, de 123,600,000 fr.; en 1869, de 189,260,000 fr.; en 1876, de 202,400,000 fr.

« Les exportations se sont, il est vrai, accrues dans la même proportion et ont passé de 4,700,000 fr. à 44,400,000 fr.; mais la balance ne se solde pas moins par un déficit de 158,000,000 fr.

« Dans le chiffre des importations de 1876 mentionné ci-dessus, les bois de construction et d'industrie entrent pour une somme de 177,000,000 francs, dont 94,850,000 francs pour les sciages de sapin, 62,300,000 francs pour les bois bruts et équarris, 15,400,000 francs pour les merrains, etc. L'exportation de ces mêmes produits ne s'est élevée qu'à 31,000,000 francs. Les bois de feu et les charbons figurent dans le tableau des importations pour une somme de 2,300,000 francs seulement et dans celui des exportations pour 2,400,000 francs.

« Enfin, il a été importé pour 5,000,000 francs d'écorces à tan et exporté pour 14,900,000 francs.

« Ces chiffres montrent que la production indigène reste bien au-dessous des besoins de la consommation et que vouloir imposer sur les bois étrangers, ainsi que le demandent certains propriétaires, un droit quelconque serait causer un préjudice énorme aux industries qui les emploient, notamment à la viticulture, sans pour cela, procurer aucun avantage aux propriétaires de bois, puisqu'ils sont hors d'état d'approvisionner le marché national. D'ailleurs, les propriétaires particuliers n'ont pas, sous ce rapport, à souffrir de la concurrence étrangère, puisque la plus grande partie des produits ligneux importés sont des bois de construction et d'industrie qui proviennent de forêts aménanagées à de longues révolutions. Or, il n'y a guère que les forêts domaniales et quelques forêts communales qui soient dans ce cas, car les forêts particulières sont ordinairement exploitées à des intervalles trop rapprochés pour pouvoir donner autre chose que des bois de feu et de la petite charpente ; et ces produits sont d'un transport trop onéreux, eu égard à la valeur qu'ils représentent, pour qu'il y ait jamais avantage à les faire venir de l'étranger en quantité appréciable.

« D'autre part, on ne peut espérer qu'en faisant, par des droits de douane, hausser le prix des bois d'œuvre, on décidera les propriétaires à exploiter leurs forêts à un âge plus avancé ; car ce n'est qu'au bout de 100 ou 150 ans qu'ils pourraient en recueillir le bénéfice, et il est douteux qu'il s'en trouve beaucoup qui soient disposés à spéculer à si longue échéance.

« Quant aux écorces, nous avons vu que les exportations dépassent de beaucoup les importations ; c'est un avantage que les propriétaires de bois doivent aux traités de commerce, puisque avant 1860, dans l'intérêt de la tannerie nationale, l'exportation des écorces était prohibée.

« Il résulte de ce qui précède que les propriétaire de forêts n'ont aucun intérêt à voir frapper les produits ligneux d'un droit quelconque ; mais qu'ils profiteront, au contraire, de tout dégrèvement qu'on pourra opérer sur les produits agricoles ou manufacturés, et qui auront pour effet de diminuer, le plus possible, le prix des choses nécessaires à la vie et, par conséquent, le taux de la main-d'œuvre.

« Le prix et la rareté de la main-d'œuvre sont aujourd'hui, en effet, la plus lourde charge qui pèse sur la propriété boisée, comme sur les autres industries agricoles ; ce prix a plus que doublé depuis vingt ans, puisque l'exploitation et le façonnage d'un stère de bois qui, vers 1860, aux environs de Paris, se payaient 0 fr. 75, se paient, aujourd'hui, de 1 fr. 50 à 2 francs, et encore ne trouve-t-on pas toujours des ouvriers.

« A cette cause de souffrance, le remède est difficile à trouver, mais il n'en est pas de même de plusieurs autres charges qui grèvent spécialement la propriété forestière et dont il serait facile et équitable de l'affranchir. Il y aurait lieu d'abord de remanier l'impôt foncier qui, toute proportion gardée, pèse bien plus lourdement sur les bois que sur les autres cultures ; il faudrait ensuite réviser le code forestier afin d'assimiler à des vols les délits commis dans les bois, d'obliger les gardes champêtres à les constater et le ministère public à les poursuivre d'office, sans forcer les propriétaires à se constituer partie civile ; il serait désirable enfin de modifier l'article 14 de la loi de 1836 sur les chemins vicinaux, qui assimilant les forêts à des établissements industriels, les soumet à l'obligation de payer des subventions extraordinaires pour les dégradations que causent les exploitations, bien que, comme toutes les autres propriétés, elles aient déjà à supporter les centimes additionnels pour l'entretien de ces chemins.

« Si l'on faisait droit à ces réclamations, la propriété forestière n'aurait plus aucun sujet de plaintes et serait en état de supporter le régime douanier le plus libéral. »

TABLE DES MATIÈRES.

PARIS. — IMPRIMERIE DE Mᵐᵉ Vᵉ BOUCHARD-HUZARD, RUE DE L'ÉPERON, 5; JULES TREMBLAY, GENDRE ET SUCCESSEUR.

SOCIÉTÉ NATIONALE D'AGRICULTURE DE FRANCE

ENQUÊTE

SUR LA

SITUATION DE L'AGRICULTURE

EN FRANCE

EN 1879

TOME II. — DEUXIÈME FASCICULE

RÉPONSES PROPOSÉES

ET

DOCUMENTS ANNEXES

PAR

M. J.-A. BARRAL

Secrétaire perpétuel.

PARIS

IMPRIMERIE ET LIBRAIRIE DE Mme Ve BOUCHARD-HUZARD

JULES TREMBLAY, GENDRE ET SUCCESSEUR

RUE DE L'ÉPERON, 5.

1880

SOCIÉTÉ NATIONALE D'AGRICULTURE DE FRANCE

ENQUÊTE

SUR LA

SITUATION DE L'AGRICULTURE

EN FRANCE

EN 1879

TOME II. — DEUXIÈME FASCICULE.

**Réponses à M. le Ministre
de l'agriculture proposées par la Commission.
Documents annexes.**

PARIS

IMPRIMERIE ET LIBRAIRIE DE Mme Ve BOUCHARD-HUZARD

JULES TREMBLAY, GENDRE ET SUCCESSEUR

RUE DE L'ÉPERON, 5.

1880

Après une discussion générale des résultats de l'enquête faite auprès des correspondants de la Société, la Commission, réunie sous la présidence de M. Boussingault, a chargé M. le Secrétaire perpétuel de rédiger le projet des réponses à adresser à M. le Ministre de l'agriculture en suivant l'ordre des questions posées, conformément aux opinions exprimées en ce qui concerne les questions n° 1, 2, 3, 4, 6 et 7, et après deux votes spéciaux sur la question n° 5.

Par le premier vote, la Commission a décidé qu'il n'y avait pas lieu de changer le *statu quo* en ce qui concerne la législation douanière sur le commerce des grains et des farines.

Par le second vote, la Commission a décidé qu'il y avait lieu de demander que les droits, sur l'entrée du bétail et des produits animaux de provenance étrangère, fussent élevés de manière à devenir à peu près égaux *ad valorem* au droit sur le Froment établi par le tarif de 1861.

La Commission a ensuite résolu qu'elle demanderait à la Société de fixer l'ouverture de la discussion générale en séance publique au mercredi 21 de janvier. — Cette proposition a été adoptée par la Société dans la séance du 14 de janvier, et tous les membres ont reçu une convocation à domicile pour la séance du 21 de janvier.

Dans ses séances des 21 et 28 de janvier, la Commission a discuté et approuvé le texte des réponses ci-jointes.

Janvier 1880.

Le Secrétaire perpétuel,

J.-A. BARRAL.

CHAPITRE PREMIER

Réponses rédigées par M. le Secrétaire perpétuel et adoptées par la Commission aux questions posées par M. le Ministre de l'agriculture et du commerce dans sa lettre du 9 avril 1879.

PREMIÈRE QUESTION.

Quelle était la situation de l'agriculture avant l'année 1861, c'est-à-dire avant l'époque où les traités de commerce ainsi que les différents actes législatifs qui régissent actuellement la production et le commerce des grains, le commerce de la boulangerie et celui de la boucherie, aient modifié le régime économique de notre industrie agricole ?

Il conviendrait d'indiquer cette situation aux points de vue :

De la division de la propriété ;

Des assolements ;

De la production des céréales ;

De l'élevage des animaux domestiques et de leurs produits (lait, laine, viande, travail, volailles) ;

De la production des cultures industrielles, en distin
guant particulièrement celles de la Vigne, de la Betterave à
sucre, du Houblon, du Tabac, du Colza, du Mûrier, etc.;

Des industries annexes (distilleries, magnaneries, fro-
mageries, sucreries, etc.) ;

De l'outillage agricole ;

De l'emploi des engrais commerciaux et du fumier ;

De la quantité relative des bras à la disposition des cul-
tivateurs (gens à gages, tâcherons et journaliers);

Des salaires des ouvriers agricoles (en distinguant ceux
des ouvriers loués à l'année de ceux des journaliers pris
temporairement) ;

De la dépense en main-d'œuvre nécessaire pour les di-
verses cultures ;

Des prix à façon des divers travaux de culture ;

Du capital d'exploitation et des profits ;

Des charges pesant sur le sol (impôts, prestations, taxes
diverses);

Des frais de transport et de vente ;

Des débouchés.

Après l'Enquête par laquelle elle a appelé, à donner leur
avis, tous ses Correspondants des diverses régions agricoles de la France, la Société nationale d'agriculture
estime que :

1° La division de la propriété était moindre avant **1861**
qu'actuellement, surtout en ce qui concerne les grands
domaines. Des domaines moyens se sont reconstitués; le
nombre des petites propriétés s'est accru.

2° Les assolements se sont heureusement modifiés de
manière à diminuer l'étendue des jachères et à permettre
un usage plus général des cultures sarclées et fourragères.
Le Seigle a fait place, en partie, au Froment; la culture
des racines, dans certaines contrées, et celle des prairies
dites artificielles ont pris une plus grande extension.

3° Le rendement des terres en céréales a augmenté par

hectare dans le plus grand nombre des départements. Dans l'ensemble de la France, la production moyenne annuelle totale, en Froment, était moindre d'un huitième environ avant 1861 qu'actuellement.

4° L'élevage et l'engraissement des animaux de l'espèce bovine ont fait de grands progrès depuis vingt ans. On compte un plus grand nombre de têtes dans les exploitations agricoles. Leur conformation s'est améliorée dans chaque lieu de manière à développer les aptitudes recherchées selon les conditions économiques des fermes, c'est-à-dire selon qu'on y trouve plus avantageux de produire principalement du lait ou bien de la viande, tout en donnant la part nécessaire à l'obtention du travail. La précocité des races à viande s'est accrue. La qualité des races laitières est devenue meilleure.

L'élevage de l'espèce chevaline s'est amélioré. On fait plus de chevaux qu'avant 1861 ; ils sont de plus en plus appréciés pour les besoins de l'armée, du commerce et du luxe.

Le nombre des troupeaux de l'espèce ovine a diminué d'une manière très-sensible. La production de la laine est moins grande. Les races de moutons à viande sont en progrès.

L'espèce porcine a subi d'abord une grande modification par suite de l'emploi des reproducteurs anglais qui, commencé avant 1861, a continué à se faire d'une manière de plus en plus générale. Après une période de succès croissant, l'élevage des porcs a subi un ralentissement; il paraît même être dans une période rétrograde.

L'élevage des volailles a fait de grands progrès ; la basse-cour, tout à fait accessoire avant 1861, est devenue une affaire importante pour beaucoup d'exploitations rurales dans ces dernières années.

5° Parmi les cultures industrielles, celle de la Betterave à sucre est la seule qui, depuis 1861, se soit développée considérablement ; l'étendue qui lui est consacrée et sa production ont plus que doublé. On a continué à étendre la culture de la Vigne malgré le phylloxera dont l'invasion, commencée vers 1867, a fait des progrès de plus en plus menaçants; les paysans veulent lutter quand même. Les plantations d'Oliviers se sont maintenues. Les cultures fruitières ont pris des développements assez remarquables, surtout celles de Pommiers. Le Houblon tend à s'étendre. Les plantes textiles et les plantes oléagineuses sont plutôt en décroissance qu'en progrès. La culture de la Garance a disparu. Les Mûriers sont en nombre moindre. Les Chardons à foulon sont moins cultivés. Les cultures florales sont de plus en plus prospères, ainsi que les cultures maraîchères.

6° La production forestière est en progrès depuis 1861 ; il y a une tendance manifeste à augmenter l'étendue plantée en bois.

7° Beaucoup d'industries annexes de l'agriculture ont pris une plus grande activité durant les premières années qui ont suivi 1861 ; il y a eu ensuite un arrêt marqué. Les sucreries, les huileries, les féculeries, les brasseries, les tanneries, toutes les usines qui travaillent les peaux, se sont maintenues en subissant des alternatives de revers et de succès qui les laissent néanmoins en plus grand nombre que dans la période précédente, et plus stables dans leur existence. Les distilleries sont moins prospères. Les fromageries ont pris, en général, des développements et sont en succès croissant ; la propagation des associations dites *fruitières* fait un bien considérable. Les magnaneries ont supporté une crise qui paraissait mortelle ; elles se rétablissent, grâce à de meilleurs procédés hygiéniques et à l'emploi des procédés dus à M. Pasteur pour la production de graine saine. La minoterie a continué ses progrès, et la fabrication des farines françaises demeure prospère.

8° Les instruments d'agriculture ont été heureusement modifiés et perfectionnés depuis vingt ans. On laboure mieux et plus profondément. Des charrues nouvelles, prin-

cipalement celles dites brabants-doubles, se sont répandues.
Les herses en fer se sont multipliées. On emploie de plus
en plus des scarificateurs et des extirpateurs, des houes et
des râteaux à cheval, des rouleaux Crosskill, des semoirs.
Pour faire la fauchaison et la moisson, les machines commencent à remplacer les bras de l'homme ; on rencontre
dans tous les départements plusieurs machines à faucher
et à moissonner, des machines à faner et des râteaux à cheval.
Il ne reste plus qu'un très-petit nombre de localités où les
machines à battre ne soient pas employées ; presque tous les
autres modes de battage des céréales, à l'exception des
rouleaux mus par des chevaux ou des mules, ont disparu ; des entrepreneurs de battage à façon se sont établis
avec des machines à vapeur locomobiles, pour battre les
moissons dans les contrées où les exploitations rurales ne
sont pas assez étendues pour comporter une installation
mécanique spéciale. Dans la plupart des fermes on trouve
des hache-paille, des coupe-racines, des laveurs de racines,
des brise-tourteaux, des tarares, des trieurs, souvent des
appareils à cuire les aliments du bétail. Les pressoirs à vin
et à cidre se sont perfectionnés. On commence à rencon-
trer des presses à foin dans beaucoup d'exploitations. Les
petits chemins de fer fixes ou portatifs à plaques tournantes :
les transmissions par des câbles télédynamiques, les moulins et les machines à écraser certains grains sont appliqués
dans quelques fermes. L'agriculture française a, pour ainsi
dire, renouvelé son matériel agricole dans les vingt dernières années. Les machines à vapeur se sont multipliées
dans les exploitations rurales d'une manière inespérée. De
bonnes roues hydrauliques et des moulins à vent des meilleurs modèles ont été installés en assez grand nombre. De
très-importantes fabriques d'instruments et de machines
agricoles se sont établies ; leur prospérité bien évidente
démontre le succès de l'emploi de la mécanique dans
l'agriculture française, quoiqu'il y ait encore beaucoup à
faire.

9° Le drainage paraît avoir fait plus de progrès avant 1861 que depuis cette époque; mais il y a lieu de remarquer que les travaux de drainage, une fois effectués, ne se recommencent pas ; ils sont acquis. D'ailleurs, on exécute désormais beaucoup de travaux d'assainissement par les anciens procédés qu'on a perfectionnés. Les irrigations se sont notablement étendues, mais elles pourraient prendre un développement plus considérable. Le chaulage et le marnage se pratiquent de plus en plus avec avantage.

10° L'estime des agriculteurs pour toutes les matières fertilisantes s'est beaucoup accrue durant les vingt dernières années. Le plus grand nombre se sont attachés à augmenter et à améliorer la production du fumier ; il y a progrès dans le traitement des tas de fumier et la confection des fosses à purin. La consommation des engrais commerciaux, tels que tourteaux, guanos, nitrates, etc., a pris également une importance croissante durant la dernière période, quoiqu'on se plaigne avec raison des falsifications auxquelles on les soumet. L'usage des phosphates minéraux s'est considérablement développé ; presque inconnu avant 1861, il a fait, depuis, une véritable révolution dans l'agriculture de plusieurs contrées.

11° Le nombre de bras disponibles pour les travaux de l'agriculture est devenu généralement insuffisant, en même temps que ces travaux en eussent exigé davantage. Il est particulièrement difficile de trouver des journaliers dans quelques pays pour les travaux pressés de la fenaison ou de la moisson, ou pour les sarclages ; dans la plupart des exploitations, on se procure néanmoins plus aisément des ouvriers à l'année à la condition de leur donner de plus forts gages. Les bons tâcherons sont devenus très-rares. La qualité du travail semble avoir diminué : les meilleurs ouvriers quittent la campagne pour la ville. Les ouvriers étrangers viennent encore, très-heureusement, pour entreprendre à époque fixe les travaux sur lesquels ils comptent, dans telle ou telle région.

12° Le taux des salaires s'est considérablement accru depuis vingt ans dans la plus grande partie de la France; selon les régions, il est maintenant de 20, de 30, de 50, de 100 pour 100 plus élevé. Le prix de la nourriture et les exigences de l'alimentation ont augmenté plus rapidement encore que les salaires, ce qui accroît considérablement le coût des travaux agricoles.

13° Les dépenses en main-d'œuvre pour les diverses cultures n'ont pas augmenté dans la même proportion que le prix des salaires. L'emploi des machines a pris de l'importance, ainsi qu'il a été dit précédemment, et, tout au moins, il a servi de frein, dans beaucoup de pays, aux exigences des ouvriers.

14° L'impôt foncier, en principal, était à peu près le même avant 1861 qu'aujourd'hui; mais les centimes additionnels établis par les communes et les départements étaient moins nombreux, de telle sorte que de ce fait les charges pesant sur le sol étaient moins lourdes. Les prestations en nature pour l'entretien de la vicinalité étaient moins considérables. Il n'y avait pas non plus de taxes sur les chiens ni sur les voitures.

15° Les frais de transports et de vente étaient plus considérables avant 1861, à cause de l'imperfection des routes; les chemins de fer étaient encore trop peu nombreux. A cet égard, le progrès, durant la dernière période, est incontestable.

16° Les débouchés étaient, avant 1861, très-généralement restreints aux centres de population les plus voisins des exploitations agricoles. Les exportations des denrées tirées du sol national vers l'étranger étaient relativement rares. Les produits qui ont trouvé un plus facile placement et à de meilleures conditions sont surtout les vins, les fruits, les produits maraîchers et les produits animaux tels que beurre, fromage, œufs, volailles.

17° Dans les départements qui ont été frappés par la maladie des vers à soie, par le phylloxera ou par la suppression de la culture de la Garance et dans quelques autres contrées, le prix de la terre a diminué; il a augmenté, au contraire, dans les pays d'herbages, les régions forestières, les pays vignobles non atteints du phylloxera, etc. Pour l'ensemble de la France, il a été plus élevé dans les vingt dernières années que dans la période qui a précédé.

DEUXIÈME QUESTION.

Quelle est actuellement, en prenant la moyenne des six dernières années, la situation de l'industrie agricole aux différents points de vue énoncés dans la question précédente :

Dans la région des céréales ?

Dans les pays d'herbages ?

Dans les contrées à cultures arbustives (région des Vignes, de l'Olivier et du Mûrier) ?

1° Dans la région des céréales, la situation de l'agriculture, malgré des progrès réels dans les procédés culturaux, malgré l'augmentation du rendement par hectare, et là surtout où les grains sont restés la récolte exclusive ou du moins principale, est demeurée à peu près la même. Les frais, à cause de l'augmentation du prix de la main-d'œuvre et des charges qui pèsent sur la terre, ont souvent été plus forts que le produit. Cependant, dans leur ensemble, les récoltes totales de la France en céréales sont plus considérables, le prix des grains est aussi un peu plus élevé en valeur absolue. Cela ne suffit pas pour compenser l'accroissement des charges. Le prix de la terre y diminue depuis deux ans.

2° Dans les pays d'herbages, la situation est devenue meilleure. La viande, le beurre, le fromage se vendent plus facilement et à des prix parfois doubles d'autrefois, en même temps qu'on en fait davantage. A tous les égards, l'élevage et l'engraissement des animaux de l'espècebovine sont plus prospères.

3° Dans la région de la culture de la Betterave, la production de la racine saccharifère s'est développée beaucoup plus vite que la consommation et les débouchés du sucre. De là un malaise qui pourrait être corrigé par une diminution de l'impôt et par des réformes relatives à l'entrée en France des sucres étrangers, favorisés aujourd'hui par des primes qui altèrent les conditions du marché. Les distilleries de Betteraves sont en souffrance.

4° La production forestière est dans une situation meilleure; elle rencontre des prix plus avantageux qu'avant 1861 et des placements plus faciles.

5° Dans la région des Mûriers, les souffrances ont été vives; les magnaneries étaient en chômage, par suite de la maladie des vers à soie ; les Mûriers ne rapportaient plus rien. Cette situation tend à s'améliorer, grâce aux progrès généraux de la science.

6° La culture des Oliviers a repris faveur.

7° Les vignobles sont, les uns détruits, les autres menacés par le phylloxera. La lutte contre le fléau paraît devoir se terminer par la victoire de la viticulture, mais cette victoire ne sera remportée qu'après une crise cruelle, souvent même une ruine totale sur laquelle il faudra réédifier.

TROISIÈME QUESTION.

Quelle est la condition, dans ces diverses régions naturelles, du propriétaire (grand, moyen et petit)?

Du fermier (grande culture, moyenne culture, petite culture)?

Du métayer ?

De l'ouvrier agricole?

1° Les propriétaires des grands et des moyens domaines qui ne cultivent pas par eux-mêmes et qui ont des fermiers, ont, pour la plupart, dans les premières années qui ont suivi 1861, beaucoup augmenté les loyers de leurs terres. Cette augmentation se maintient dans les pays d'herbages; elle a même continué à s'accroître. Il n'en est pas de même dans les pays à céréales, où la difficulté de renouveler les baux doit forcer à accorder des réductions.

Les grands et les moyens propriétaires des contrées à colonage partiaire se trouvent dans de bonnes conditions dans les pays d'herbages; ils participent, d'ailleurs, au sort des métayers. Même dans les pays à céréales, les propriétaires qui ont des métayers continuent à être dans une situation assez favorable, parce qu'ils n'ont pas à supporter les charges de l'augmentation du prix de la main-d'œuvre.

Dans les régions à céréales et à herbages, la petite propriété cultive, le plus souvent, elle-même; elle recherche la terre avec avidité; elle ne se plaint pas des conditions économiques des marchés. Au contraire, elle loue souvent ses bras et tire un parti plus avantageux de son travail.

La valeur de la propriété a beaucoup diminué dans les pays vignobles atteints par le phylloxera et dans les régions où la Garance et le Mûrier donnaient autrefois de grandes richesses, anéanties sans retour pour la Garance, mais qui paraissent pouvoir revenir pour le Mûrier.

2° Les fermiers dans les pays à céréales cherchent à transformer leurs cultures et à obtenir des baux plus longs, avec garantie qu'ils ne subiront pas de constantes augmentations qui les ont très-souvent frappés.

Dans les pays à herbages, le fermier est dans une plus grande prospérité qu'avant 1861, quoiqu'il paye, en général, des loyers plus élevés.

Les grandes fermes tendent à se transformer en fermes d'une étendue moyenne.

Les petits fermiers, n'employant que rarement des ouvriers étrangers à leurs propres familles, se trouvent dans des situations qui s'améliorent et ils cherchent à devenir propriétaires à leur tour.

3° La situation des métayers est presque partout devenue meilleure depuis vingt ans, parce qu'ils se livrent, en général, à l'élevage ou à l'engraissement. Ils supportent

néanmoins les charges de l'accroissement du prix de la
main-d'œuvre, et celles qui pèsent sur la propriété; car,
dans le plus grand nombre des cas, les conditions du colonage sont que, avant tout partage, le propriétaire prélève
une somme déterminée qui paie les impôts et qui est souvent plus élevée. L'avilissement du prix des porcs cause
aux métayers un préjudice incontestable.

4° L'ouvrier agricole est mieux payé et mieux nourri
depuis vingt ans; sa situation s'est notablement améliorée
sous tous les rapports.

QUATRIÈME QUESTION.

Quelles sont les causes générales et secondaires, per-
manentes et accidentelles, qui ont amené les changements
signalés dans la situation de l'agriculture?

Dans quelle mesure chacune d'elles a-t-elle agi?

Et, en particulier, dans quelles proportions les intem-
péries, quand elles sont persistantes, comme en 1878,
peuvent-elles réduire le rendement d'une récolte de Fro-
ment, diminuer la qualité du grain et augmenter les
frais du cultivateur?

Par quels moyens (procédés culturaux, moissonnage et
autres) l'agriculteur peut-il remédier partiellement à ces
mauvais effets?

1° Les causes générales permanentes qui rendent plus
difficile la situation de l'agriculture sont l'aggravation des
impôts provenant surtout de l'accroissement considérable
des centimes additionnels communaux et départementaux,
et la rareté ainsi que l'élévation du prix de la main-
d'œuvre.

2° Les causes accidentelles du malaise agricole sont les
intempéries et les fléaux qui frappent sur certaines régions,
tels que le phylloxera, la maladie des vers à soie, les épi-
zooties, les guerres continentales ou transatlantiques.

3° Les intempéries, quand elles sont persistantes, comme en 1878 et en 1879, quand elles s'élèvent à la presque totalité du territoire, peuvent diminuer d'un quart, d'un tiers, de moitié même, le produit des grandes récoltes, telles que le Froment et le vin. Les frais du cultivateur restent presque les mêmes, quel que soit le produit; la réduction dans les frais d'une récolte, quand elle provient de la faiblesse de celle-ci, n'est jamais comptée comme un avantage à supputer. Lorsque le défaut de qualité s'ajoute au manque de quantité, le malheur pour l'agriculteur producteur, qui est obligé de vendre afin de payer ses engagements, prend des proportions calamiteuses; dans ce cas, en effet, la denrée portée sur les marchés est repoussée par l'acheteur qui prend de préférence une denrée meilleure, d'origine étrangère. Ce fait s'est présenté en 1878 et a causé la plus grande partie du mal dont on s'est plaint dans les pays à céréales; il a amené une plus forte dépréciation dans les cours de la plupart des Blés indigènes. En 1879, une récolte plus faible en quantité que celle de l'année précédente n'a pas eu les mêmes conséquences, parce que la qualité était bonne en général.

4° Ce sont les mauvaises récoltes qui, dans les pays à céréales, engendrent les plus grandes souffrances d'abord et surtout parmi les fermiers obligés, quelle que soit l'insuffisance de leurs récoltes, de payer les impôts et les loyers de la terre; ensuite parmi les propriétaires qui, ne percevant pas les rentes promises, se trouvent privés de leurs revenus. Lorsque les récoltes redeviennent bonnes, le mal passé se répare peu à peu; c'est ce qui est arrivé depuis vingt ans, comme cela se faisait, d'ailleurs, avant 1861.

5° Les agriculteurs, qu'ils soient propriétaires, fermiers ou métayers, savent parfaitement qu'on peut remédier en partie par les machines, à la cherté et à l'insuffisance des bras; ils ont recours de plus en plus, dans la mesure de leurs ressources, aux machines pour la fenaison, la moisson et le battage des grains. Ceux qui ne peuvent acheter les machines, s'adressent aux entrepreneurs qui fauchent, moissonnent ou battent à façon au moyen de machines qu'ils transportent d'exploitation en exploitation. Des oùvriers nomades qui vont successivement des régions où les travaux doivent être faits le plus hâtivement aux régions où ils peuvent être exécutés plus tardivement, remplissent un rôle d'une grande utilité pour rendre tous les travaux moins coûteux ; il est désirable que leur transport puisse être facilité par des réductions de tarif sur les chemins de fer.

CINQUIÈME QUESTION.

Quelle influence la législation sur les grains, le commerce de la boulangerie, celui de la boucherie et les traités de commerce ont-ils exercée sur la situation présente ?

Il y a lieu de traiter séparément la question en ce qui concerne les grains et en ce qui concerne le bétail.

Le pain est essentiellement la nourriture de toutes les parties de la population, et loin d'en accroître le prix par aucun moyen, on doit, au contraire, chercher les mesures qui permettent de faire que l'agriculture puisse livrer le Blé à la consommation au meilleur marché possible. Il ne faut pas perdre de vue, d'ailleurs, que, en moyenne, le quart environ de nos départements, le tiers et plus pendant les années de mauvaise récolte de céréales, ne produisent jamais assez pour leur consommation, et ont besoin d'acheter des grains pour l'alimentation des habitants des campagnes aussi bien que des villes. Une grande partie de nos populations rurales demande ainsi un supplément considérable de sa subsistance à nos propres pays à céréales. D'un autre côté, il faut encore remarquer que dans aucune ville, à une ou deux exceptions près peut-être, le pain, la farine, le Blé ne sont soumis à des droits d'octroi. Ce sont des denrées dont aucune mesure ne doit augmenter artificiellement la valeur.

Les choses sont différentes pour le bétail et les produits animaux divers. S'il est désirable que les ouvriers ruraux, aussi bien que les ouvriers urbains, consomment de plus en plus de la viande, il est néanmoins certain que, dans beaucoup de ménages, c'est un objet encore secondaire, ou qui ne figure que rarement dans les repas. La plupart des villes qui ont des octrois sont tous les jours autorisées à frapper de droits le bétail, la viande, et souvent d'autres produits animaux.

Dans les vingt dernières années, le cours des grains n'a plus présenté ni les hausses excessives, ni les baisses exagérées que l'histoire des années antérieures a enregistrées. Les oscillations autour d'un cours moyen ont été moins fortes et ce cours moyen, en fin de compte, a été un peu plus élevé que dans la période antérieure, sous le régime de l'échelle mobile, ou en l'absence de traités de commerce. La subsistance des populations a été assurée sans qu'on ait de troubles à déplorer; c'est à ce point qu'un très-grand nombre de municipalités ont cessé d'avoir recours au droit de taxer le prix du pain, droit dont on ne se sert encore que dans quelques parties de la France. La liberté de la boulangerie s'est introduite dans les mœurs de la France à la satisfaction du plus grand nombre, puisque les populations aiment mieux de plus en plus avoir recours aux boulangers que de faire le pain elles-mêmes. Le droit de 60 centimes (soit 2.50 pour 100 de la valeur) sur l'entrée du quintal de Blé étranger ne gêne pas les transactions, il n'exhausse pas le prix du pain assez sensiblement pour appeler l'attention des consommateurs, il n'est pas assez élevé pour qu'on ait besoin de le supprimer en présence des mauvaises récoltes. Le régime commercial des grains donne, depuis 1861, la preuve de ses avantages. Il ne faut rien y changer.

L'élévation considérable du prix de la viande et des produits animaux dans les vingt dernières années s'est produite par le fait de l'accroissement de la consommation, amenée par une plus grande aisance des populations ouvrières. Elle a été un grand bienfait pour l'agriculture, car, jusqu'alors, le bétail était regardé comme un mal nécessaire, en ce sens que l'agriculture entretenait des animaux domestiques principalement pour avoir du fumier, sans tirer de bénéfices de l'élevage. Les progrès ne se font en agriculture, comme en industrie, que sous l'influence du profit. Cependant, depuis vingt ans, un double fait s'est présenté : abaissement des droits sur le bétail étranger, multiplication des droits d'octroi sur le bétail et la viande. Les droits d'octroi ont surélevé le prix de la viande dans les villes, et la taxe dont usent quelques municipalités ne saurait empêcher l'effet restrictif des octrois sur la consommation, effet dont l'agriculture a le droit de se plaindre. D'un autre côté, les droits sur le bétail étranger ont été abaissés au-dessous d'une juste limite, puisqu'ils sont beaucoup plus faibles qu'un grand nombre de droits d'octroi ; puisque, en outre, ils ne sont qu'environ le tiers *ad valorem* du droit de 60 centimes par quintal de Froment. Il n'y a pas de motif légitime pour qu'on n'établisse pas sur la viande d'origine étrangère le même droit fiscal que sur le Blé à son entrée en France. L'agriculture s'inquiète de l'arrivée du bétail américain sous des droits trop faibles ; une considérable diminution de la production du porc en France atteindrait les familles rurales les plus pauvres, celles en grand nombre pour lesquelles la vente d'un cochon est le seul moyen d'avoir un peu d'argent chaque année pour pourvoir aux nécessités de la vie. Le relèvement des droits sur les produits animaux dans la mesure indiquée est désirable pour que l'agriculture puisse continuer à faire des progrès ou même à se soutenir. Il en résulterait avantage pour toutes les régions, même pour les pays à céréales, car dans ces pays une impulsion donnée à l'entretien du bétail aurait, comme ailleurs, pour résultat de rendre plus abondante et moins coûteuse la production du fumier et, pour conséquence nécessaire, des moissons plus riches et d'un prix de revient moins élevé.

On ne saurait néanmoins ne pas remarquer que les céréales et le bétail sont, quoiqu'à des degrés différents, des produits de première nécessité pour la subsistance des populations, et que le Gouvernement ne doit pas se lier, en ce qui les concerne, par des traités de commerce qui pourraient l'empêcher d'être maître chez lui à un moment donné.

SIXIÈME QUESTION.

Quelles sont les améliorations et les réformes culturales qu'il serait possible aux cultivateurs de réaliser dans un avenir prochain, pour changer leur situation, accroître leur profit et les mettre davantage et autant que cela est possible à l'abri des crises qui se produisent périodiquement?

L'agriculture ne saurait être soustraite aux crises qui la frappent périodiquement et qui sont dues aux intempéries sur lesquelles l'homme ne peut rien; mais il faut que, dans les bonnes années, elle puisse se préparer à supporter les privations qui la menacent toujours. L'augmentation de la production du bétail et la création d'industries annexes des exploitations rurales sont les seuls moyens auxquels elle peut elle-même recourir. En faisant plus de bétail, elle accroît la production du fumier, ainsi qu'il a été dit plus haut; et, par suite, elle augmente le rendement de ses terres en même temps qu'elle diminue le prix de revient du quintal de Blé. L'accroissement des cultures fourragères et particulièrement des prairies arrosées est donc le principal moyen cultural qui puisse être conseillé. Il faut y joindre la culture de toutes les plantes qui peuvent donner des matières

premières à des usines annexées aux exploitations rurales telles que sucreries, distilleries, féculeries, huileries qui ont l'avantage de laisser comme résidus, dans
les exploitations rurales, les principes les plus utiles pour
être employés soit comme aliments du bétail, soit comme
engrais, et de ne vendre que des produits hydrocarbonés
dont l'exportation n'épuise pas le sol. L'établissement des
fromageries est surtout à conseiller, soit par les exploitations assez grandes elles-mêmes, soit au moyen des associations dites *fruitières*. L'exemple donné par des agriculteurs d'abattre dans les fermes le bétail engraissé pour
conserver dans les campagnes les bas-morceaux et les issues,
et n'expédier au loin que les viandes de choix, peut être
imité avec profit, surtout si les Compagnies de chemins de
fer, ainsi que cela se fait en Angleterre, créent pour le
transport des viandes à longue distance des wagons conve-
nablement disposés.

La viticulture, l'arboriculture, les cultures maraîchères,
les magnaneries, le développement des basses-cours, sont
des ressources importantes dans toutes les localités où il
est possible d'y avoir recours. Il en est de même pour les
cultures de plantes industrielles. La variété des produits
est un moyen d'échapper aux mauvaises influences météorologiques qui ne frappent pas de la même manière tous
les genres de récoltes.

Toutes les précautions possibles étant prises par le cultivateur afin de tirer des conditions économiques au milieu
desquelles il se trouve, le meilleur parti désirable, il doit
s'efforcer de lutter contre l'exagération du prix de la main-
d'œuvre, par l'emploi des machines. Pour ceux dont les exploitations ne comportent pas l'achat des instruments coûteux, l'association en vue d'avoir des instruments communs,
servant successivement à chacun des cultivateurs d'une localité, doit être conseillée. Les entreprises de battage, de moissonnage, de fauchaison, peut-être de labourage à vapeur,
exécutant les travaux agricoles à façon, doivent être encou-

ragées. Enfin, les créations de maisons d'ouvriers ruraux, avec des terres d'une étendue suffisante pour assurer l'alimentation de familles s'attachant au sol, sont de nature à maintenir dans les campagnes une population ouvrière utile.

Les cultivateurs, recevant chaque jour une instruction plus développée, sauront trouver dans chaque cas particulier, le moyen de lutter autant qu'il est en eux, contre les crises qui se produisent périodiquement, à la condition que des mesures législatives suppriment toutes les entraves qui lient leurs mouvements, et diminuent les charges qui pèsent sur l'agriculture.

SEPTIÈME QUESTION.

Par quelles mesures et par quels encouragements spéciaux, l'État pourrait-il concourir à cette œuvre de progrès?

La Société nationale d'agriculture s'associe aux deux vœux émis dans le Rapport de la Commission de la Chambre des députés, chargée d'examiner le projet de loi relatif à l'établissement du tarif général des douanes :

1° Qu'en présence des nécessités de l'alimentation publique et de la difficulté de compenser pour l'agriculture française, par des tarifs à l'importation, les avantages que les produits étrangers tirent de l'entrée en franchise, les terres affectées à la culture soient dégrevées de 20 pour 100 de l'impôt foncier pendant trois ans ;

2° Qu'on décide une réduction des droits de mutations entre-vifs de biens, meubles et immeubles.

La Société signale, en outre, la grande importance du programme des travaux publics soumis à la Chambre des députés par M. le Ministre des travaux publics. Ce programme comprend, en effet, l'achèvement du réseau complémentaire des chemins de fer d'intérêt général, l'amélioration des voies navigables, en même temps que l'organisation du régime des eaux. La création de nombreux canaux d'irrigation est l'un des moyens les plus certains de développer rapidement la production agricole. En même temps que seront poursuivies ces grandes entreprises, il est non moins nécessaire de prendre des mesures pour abaisser les tarifs des transports par chemins de fer et d'achever les travaux de viabilité dans toute la France.

Il est désirable et urgent que le projet de loi déjà voté par le Sénat, sur l'organisation du service sanitaire du bétail, soit promptement voté, et que des ports spéciaux pour le débarquement et l'abatage du bétail américain, dans un délai déterminé, soient indiqués.

Au nombre des impôts qui pèsent trop lourdement sur la production agricole, il en est deux que la Société croit devoir particulièrement signaler. La diminution de l'impôt du sucre et la réforme de l'impôt des boissons s'imposent à l'attention du législateur.

Il est désirable que des institutions analogues à celles qui viennent au secours des populations ouvrières dans les villes soient établies et encouragées dans les campagnes.

Enfin, la Société pense qu'il est urgent de supprimer les dispositions législatives qui empêchent l'agriculture de pouvoir jouir des institutions de crédit qui, jusqu'ici, ont été créées presque exclusivement en faveur de l'industrie et du commerce.

CHAPITRE II

Résolution proposée par M. Clavé.

La **Société** nationale d'agriculture de France :

Considérant, que l'agriculture est, par rapport à l'industrie, dans une situation d'infériorité constatée par tous ses correspondants ;

Qu'elle supporte, par les impôts divers dont ses produits sont frappés, la plus grande partie des charges publiques ;

Que les produits agricoles ne sont protégés contre la concurrence étrangère que par des droits qui ne dépassent pas 2 1/2 pour 100 de la valeur, tandis que les produits industriels le sont par des droits de 30 et 40 pour 100 ;

Que cette inégalité a pour effet de donner une activité factice à l'industrie, d'attirer vers les villes la population rurale et de contribuer à faire hausser le prix de la main-d'œuvre dans une proportion inquiétante ;

Qu'il est impossible, pour rétablir l'égalité, de surélever les droits qui frappent les produits agricoles étrangers, puisque cette mesure aurait pour conséquence de renchérir les denrées nécessaires à l'alimentation publique ,

Que, d'autre part, l'agriculture a intérêt à pouvoir se procurer, au meilleur marché possible, les machines et tous les objets nécessaires à la consommation des habitants des campagnes ;

Estime :

1° Qu'il y a lieu, en ce qui concerne les produits agricoles, de conserver les droits actuels ;

2° De réduire à 2 1/2 pour 100, au maximum, les droits qui frappent, à leur entrée en France, les produits manufacturés étrangers ;

3° De réviser notre système d'impôts de manière à répartir les charges d'une façon plus équitable ;

4° D'encourager la production agricole en répandant l'instruction dans les campagnes ;

5° Et d'ouvrir de nouveaux débouchés aux produits de la terre par l'amélioration des chemins vicinaux et l'abaissement, dans la mesure du possible, des tarifs de chemins de fer.

CHAPITRE III

Note sur la situation forestière, par M. des Cars, membre de la Société et de la Commission d'Enquête.

Dans la séance du 14 janvier de la Commission, M. des Cars a donné lecture de la Note suivante en opposition à celle de M. Clavé, insérée dans le premier fascicule de ce volume, p. 102.

La Commission a décidé que la Note de M. des Cars devait être mise sous les yeux de la Société, comme l'avait été celle de M. Clavé.

« Il est pénible de voir combien la question forestière tient peu de place dans l'enquête actuelle.

« Si la plupart des forêts sont entre les mains de l'Etat, il n'en est pas moins vrai qu'il est peu de propriétés d'une certaine étendue où, dans les circonstances ordinaires, le bois ne doive jouer un rôle important ; par production forestière, on doit comprendre toute production ligneuse.

« Le questionnaire ministériel n'en fait pas même mention et si votre Compagnie l'a insérée, sous le n° 5, dans la série des questions posées à ses correspondants, ceux-ci ont peu répondu.

« L'importance de cette branche de notre richesse nationale n'a cependant pas besoin d'être signalée ; sa conservation est une question vitale, toujours exposée au danger résultant de la tentation d'escompter l'avenir par une réalisation immédiate, et nécessitant même des sacrifices dont le produit ne sera pas pour la génération qui se les impose.   ·

« Plusieurs de vos correspondants déclarent que si une augmentation de produit s'est manifestée, c'est au détriment du capital : voilà le danger signalé plus haut.

« D'autres dénoncent un fait bien connu, la baisse persistante qui a fait suite à une hausse produite il y a quelques années ; un petit nombre de vos correspondants accusent une situation prospère, due surtout à la vente des pins provenant de boisements récents.

« Si la plupart des correspondants n'ont pas répondu plus catégoriquement à la question n° 5, c'est que leurs conclusions générales s'y rapportent ; ainsi, tout ce qui est dit relativement aux charges trop lourdes qui grèvent le sol, à la nécessité de droits compensateurs et de l'égalité entre les produits agricoles et industriels, s'applique aux bois. Ceux-ci réclament, en outre, un remaniement de l'impôt foncier qui est, à leur égard, en dehors de toute proportion équitable.

« En résumé, les réponses des correspondants ne sont qu'un long cri de détresse, détresse dont les bois ont bien leur part ; de ce côté encore, tout ce qui a trait à l'une des grandes difficultés du moment, la cherté de la main-d'œuvre ou même le manque de bras leur est essentiellement applicable, dans bien des circonstances, même, plus qu'aux travaux des champs : ceux-ci ont les machines, la forêt ne les connaît pas encore.

« La concurrence étrangère est écrasante ; le Jura ne peut

lutter avec la Suisse; votre Correspondant de la Corse déclare que *toutes* les exploitations sont suspendues par suite de l'invasion des bois américains. Nos ports de la Méditerranée et de l'Océan sont envahis par les bois de Trieste et de Norvége. Jusqu'au centre de la France, la concurrence s'établit dans des conditions que nous ne pouvons pas supporter, et, pour ne citer qu'un exemple, les forêts de Loches et de Chinon, situées dans des pays de vignobles, ont cessé de faire du merrain par suite de l'invasion des produits de Trieste. Du coup, les bois ont perdu 20 pour 100 de leur valeur. Et ce n'est qu'un commencement, car une nouvelle importation, celle des merrains américains, est un fait accompli; elle ne se monte encore, en 1878, qu'à 2 millions, mais il est à croire qu'elle n'en restera pas là. La silviculture est donc en souffrance et, de plus, elle est menacée dans son avenir. Il est indispensable de prendre à son égard des mesures analogues à celles que réclament les autres branches de l'agriculture. Au premier rang de ces mesures sont, naturellement, l'amélioration des moyens de transport de toute sorte, routes, canaux, chemins de fer ; mais il ne faut pas se faire d'illusion, toutes ces facilités profiteront avant tout aux bois étrangers et ne sauraient remplacer les droits compensateurs.

« Si l'on jette un coup d'œil sur nos relations commerciales avec les pays qui nous envoient leurs produits forestiers, on verra que la Suède nous a expédié, en 1877, pour 55,672,000 francs, dont 46,546,000 francs de bois communs.

Notre exportation est de. . . . . . 11,697.000 fr.
Différence en faveur de la Suède. 43,977,000 fr.

Norvége.

	francs.
Importation. . .	26,991,000
Exportation. . .	13,470,000
Différence. . . .	13,521,000 en faveur de la Norvége en 1877.

« En 1878, le mouvement s'accentue davantage, on trouve :

Suède.

francs.

Importation. . .   75,786,000 dont 56,300 fr. en bois commmuns.
Exportation. . .   5.970,000

Différence. . . .   69,816,000 en faveur de la Suède en 1878.

Norvége.

Importation. . .   28,271,000 dont 21,102 fr. en bois communs.
Exportation. . .   7,682,000

Différence. . . .   20,589,000 en faveur de la Norvége en 1878.

« En 1878, l'importation des bois a augmenté de 16 millions sur 1877, soit 221 millions contre 206 millions. Dans cette même année 1878, l'importation des bois obtint le cinquième rang comme importance et n'est dépassée que par les

Céréales. . . . .   640 millions.
Soies.   411   —
Laines.   338   —
Bestiaux.   249   —
Bois.   221   —

« Il est intéressant de remarquer que les pays qui nous envoient ces masses énormes de bois sont précisément ceux qui se défendent le mieux contre nos produits.

« La Suède, la Norvége, l'Autriche, la Suisse, les Etats-Unis repoussent nos vins par des droits excessifs. Le nouveau tarif allemand met un droit sur les bois équarris.

« Il est de toute nécessité que la France imite ces exemples par l'établissement de droits compensateurs qui ne sont que l'application la plus élémentaire de la justice internationale.

« Il y a peu à dire sur les bois de chauffage; s'ils n'ont

·pas à redouter la concurrence étrangère similaire, l'augmentation de la main-d'œuvre, les difficultés des transports et l'introduction des houilles sont pour eux des causes de souffrances auxquelles il est difficile de porter remède. »

CHAPITRE IV

Comparaison des tarifs de douane sur les produits
de l'agriculture.

Pour bien préciser les idées sur les changements qui peuvent avoir lieu dans les chiffres des douanes, en ce qui concerne les droits à payer par les produits agricoles importés de l'étranger, on place, dans ce chapitre, la comparaison du tarif général de 1861, du tarif conventionnel et des tarifs proposés par le Gouvernement et par la Commission de la Chambre des Députés pour l'examen des tarifs de douane.

La première colonne (tarif général) comprend les droits actuellement perçus par la douane sur les marchandises provenant des pays avec lesquels la France n'est pas liée par des conventions ou traités de commerce. Ces droits se composent de trois éléments : 1° le droit principal ; 2° les deux décimes additionnels au principal, dits décimes de guerre ; 3° l'impôt supplémentaire de 4 pour 100 établi par la loi du 30 décembre 1873 sur la totalité du droit (principal et décimes).

La seconde colonne (tarif conventionnel) comprend les droits actuellement perçus sur les marchandises provenant des pays avec lesquels la France est liée par des conventions ou traités de commerce.

La troisième colonne comprend les droits du projet de tarif général présenté par le Gouvernement, y compris la majoration de 24 pour 100 prescrite sur un certain nombre d'articles.

La quatrième colonne comprend les droits du projet de tarif général présenté par la Commission des douanes de la Chambre des députés.

ART. 1er. — *Animaux vivants.*

		Tarif général actuel.	Tarif conventionnel.	Tarifs proposés par	
				le Gouvernement.	la Commission des douanes
		Par tête.	Par tête.	Par tête.	Par tête.
		fr.	fr.	fr.	fr.
Chevaux..	Entiers ou hongres et juments.	31,20	(A)	30,00	30,00
	Poulains.	18,72	(A)	30,00	18,00
Mules et mulets.		18,72	5,00	5,00	5,00
Anes et ânesses.		Exempts	(A)	Exempts	Exempts
Bestiaux..	Bœufs.	3,74	3,60	6,00	6,00
	Vaches.	1,25	(A)	2,00	4,00
	Taureaux.	3,74	(A)	6,00	6,00
	Bouvillons, taurillons et génisses.	1,25	(A)	2,00	2,00
	Veaux.	0,31	(A)	0,50	0,50
	Béliers, brebis, moutons.	0,31	(A)	0,50	1,50
	Agneaux.	0,12 1/2	(A)	0,15	0,50
	Porcs.	0,31	0,30	0,50	1,50
	Cochons de lait.	0,12 1/2	(A)	0.20	0,50
	Boucs, chèvres, chevreaux.	Exempts	(A)	0,20	0,20
Gibier, volaille et tortues.		Ex.	Exempts	20 les 100 k.	20 les 100 k.
Animaux vivants non dénommés.		Ex.	(A)	Exempts	Exempts

(A) Ces articles n'étant pas repris dans les traités sont passibles des droits fixés au tarif général.

ART. 2. — *Produits et dépouilles d'animaux.*

			Tarif général actuel.	Tarif conventionnel.	Tarifs proposés par le Gouvernement.	Tarifs proposés par la Commission des douanes.
			les 100 kilog.	les 100 kilog.	les 100 kilog.	les 100 kilog.
			fr.	fr.	fr.	fr.
Viandes..	Fraiches.	De boucherie..	0,62	Exempts	1,50	1,50
		Gibier, volailles, tortues.....	Exempts	Ex.	20,00	20,00
	Salées............		4,62	4,60	4,00	4,00
	Conserves en boîtes.....		(A)	(A)	(A)	8,00
	(Extraits)en pains ou autres.		Exempts	Exempts	4,00	4,00
Peaux brutes.	Grandes..........	fraiches.	Exemptes	Exemptes	Exemptes	6,00
		salées..	Ex.	Ex.	Ex.	12,00
	Petites..	De mouton.. fraiches.	Ex.	Ex.	Ex.	6,00
		De mouton.. salées..	Ex.	Ex.	Ex.	12,00
		D'agneau, de chevreau et autres...........	Ex.	Ex.	Ex.	Ex.
Pelleteries brutes.............			Exemptes	Exemptes	Exemptes	Exemptes
Laines, y compris celles d'alpaga, de lama, de vigogne, de yack et le poil de chameau (B).....	en masse.....		Ex.	Ex.	Ex.	Ex.
	peignées ou cardées.......		87,36	25,00	25,00	25,00
	teintes.......		124,80	25,00	25,00	25,00
	déchets de laine.		Exempts (C)	(D)	Exempts	Exempts
Crins bruts, préparés ou frisés......			Ex.	Ex.	Ex.	Ex.
Poils...	bruts............		Ex.	Ex.	Ex.	Ex.
	Peignés de chèvre.......		12,48	10,00	10,00	10,00
	Peignés autres.........		12,48	(D)	10,00	10,00
	En bottes de longueurs assorties..............		12,48	(D)	10,00	10,00
Plumes.	de parure, brutes ou apprêtées.		Exemptes	(D)	Exemptes	Exemptes
	à écrire, brutes ou apprêtées.		Ex.	Ex.	Ex.	Ex.
	à lit (duvet et autres).....		52,00	3,50	20,00	20,00

(A) D'après le tarif général et le tarif conventionnel actuels, les conserves de viandes salées ou autrement assaisonnées suivent le régime des viandes salées. Les conserves de viande au naturel, c'est-à-dire sans sel, suivent le régime des viandes fraiches. Le projet du Gouvernement maintient ces assimilations.

(B) Le poil de chameau est actuellement classé, tant en tarif général qu'en tarif conventionnel, parmi les *poils.*

(C) L'exemption ne s'applique qu'à la bourre entière en masse et à la bourre lanice et tontice. Quant à la bourre entière peignée et cardée ou teinte, elle suit le régime des laines peignées, cardées ou teintes.

(D) Ces produits n'étant pas repris dans les traités, sont passibles des droits du tarif général.

	Tarif général actuel.	Tarif conventionnel.	Tarifs proposés par le Gouvernement.	Tarifs proposés par la Commission des douanes.
	les 100 kilog.	les 100 kilog.	les 100 kilog.	les 100 kilog.
	fr.	fr.	fr.	fr.
Soies... en cocons.	Exemptes	Exemptes	Exemptes	Exemptes
grèges et moulinées.	Ex.	Ex.	Ex.	Ex.
teintes, à coudre, à broder ou autres.	Ex.	Ex.	Ex.	Ex.
Bourre de soie en masse.	Ex.	Ex.	Ex.	Ex.
Bourre de soie peignée.	10,40	10,00	10,00	10,00
Cheveux non ouvrés.	Exempts	Exempts	450,00	450,00
Byssus de pinnes marines.	Ex.	Ex.	Régime de la soie grège	
Poils de Messsine.	Ex.	Ex.		
Graisses animales autres que de poisson. Suifs.	Ex.	Ex.	Exempts	6,00
Saindoux.	Ex.	Ex.	Ex.	Exempts
Autres non comestibles.	Ex.	Ex.	Ex.	6,00
comestibles.	Ex.	Ex.	Ex.	Exemptes
Dégras de peaux.	Ex.	Ex.	Ex.	Ex.
Cire brute. Jaune, brune ou blanche.	1,04	1,00	10,00	10,00
Résidu de cire.	Exempt	(A)	Exempt	Exempt
Œufs. De volaille et de gibier.	Ex.	Ex. (B)	10,00	10,00
De vers à soie.	Ex.	Ex.	Exempts	Exempts
Lait.	Ex.	Ex.	Ex.	Ex.
Fromages. de pâte molle.	7,49	3,00	5,00	6,00
de pâte dure.	18,72	4,00	6,00	8,00
Beurre... Frais et fondu.	Exempt	Exempt	13,00	13,00
Salé.	2,60	2,50	15,00	15,00
Miel.	Exempt	Exempt	10,00	10,00
Engrais.	Ex.	Ex. (C)	Exempts	Exempts
Os calcinés à blanc.	Ex.	Ex.	Ex.	Ex.
Noir d'os (noir animal).	Ex.	Ex.	Ex.	Ex.
Oreillons.	Ex.	Ex.	Ex.	Ex.
Os et sabots de bétail brut.	Ex.	Ex.	Ex.	Ex.
Cornes de bétail. brutes.	Ex.	Ex.	Ex.	Ex.
préparées ou débitées en feuilles.	3,12	3,00	3,00	3,00
Autres produits et dépouilles à l'état brut.	Exempts	(A)	Exempts	Exempts

(A) Ces articles n'étant pas repris dans les traités suivent le régime du tarif général.

(B) Les œufs de volaille sont seuls repris par les traités.

'C) Le guano n'est pas repris dans les traités.

ART. 3. — *Farineux alimentaires.*

		Tarif général actuel.	Tarif convention-nel.	Tarifs proposés par le Gouverne-ment.	Tarifs proposés par la Commission des douanes.
		les 100 kilog.	les 100 kilog.	les 100 kilog.	les 100 kilog.
		fr.	fr.	fr.	fr.
Céréales..	Froment,épeau-tre et méteil. en grains.	0,62	(A)	0.60	0,60
	en farines.	1.25	(A)	1,20	1,20
	Maïs, Avoine. en grains.	Exempt	(A)	Exempt	1,50
	en farines.	Ex.	(A)	Ex.	2,00
	Seigle, Orge, Sarrasin... en grains.	Ex.	(A)	Ex.	Exempt
	en farines.	Ex.	(A)	Ex.	Ex.
Pain et biscuit de mer..........		1,25	(A)	1,20	1,20
Gruaux, semoules en gruau (grosse farine), grains perlés et mondés....		1,25	(A)	1,20	1,20
Semoules en pâte et pâtes d'Italie...		6,24	3,00	6,00	6,00
Sagou, Salep et fécules exotiques....		1,25	(A)	6,00	6,00
Riz.	en grains d'origine européenne.	2,52	0,50	1,00	1,20
	d'origine extra-euro-péenne........	0,62	(B)	0,60	0,60
	en paille d'origine européenne,	0,31.	0,25	0,50	0,50
	d'origine extra-euro-péenne........	0,31	(B)	0,30	0,30
Brisures de Riz pour l'industrie.....		α	α	α	Exemptes
Légumes secs et leurs farines......		Ex.	Ex.	Ex.	Ex.
Alpiste et Millet (grains et farines)...		Ex.	(A)	Ex.	Ex.
Pommes de terre............		Ex.	Ex.	Ex.	Ex.

ART. 4. — *Fruits et graines.*

			Tarif général actuel.	Tarif convention-nel.	le Gouverne-ment.	la Commission des douanes.
Fruits de table	Frais...	Citrons, Oranges et leurs variétés.........	12,48	2,00	6,00	4,00
		Carrobe ou Carouge...	0,31	0,30	6,00	6,00
		Autres...........Exempt.	Exempt.	(A)	Exempts	Exempts
	Secs ou tapés.	Figues..........	19,97	0,30	6,00	6,00
		Raisins..........	0,31	0,30	6,00	6,00
		Amandes, Noix, Noiset-tes ou Avelines....	Exempts	Exempts	6,00	6,00
		Autres..........	19,97 (C)	8,00	8,00	8,00
	Confits ou con-servés.	A l'eau-de-vie......	122,30 (D)	(A)	40 (D)	40 (D)
		Au sucre ou au miel..	Moitié du droit sur le sucre au-dessous du n° 13.		Moitié du droit sur le sucre au-dessous du n° 13.	
		Autres..........	12,48 (E)	8,00	8,00	8,00

(A) Ces produits n'étant pas repris dans les traités suivent le tarif général.

(B) Le Riz d'origine extra-européenne n'est repris, dans les traités, qu'au point de vue de la surtaxe.

(C) Le Carrobe *sec,* que le Gouvernement range dans la catégorie des fruits secs *autres,* est actuellement taxé, tant en tarif général qu'en tarif conventionnel, au droit de 31 c. les 100 kilog.

(D) Non compris la taxe de consommation intérieure.

(E) D'après le tarif général actuel, les Cornichons et Concombres sont taxés à 21 fr. 22 : les Olives et Picholines à 44 fr. 93, et les Câpres à 74 fr. 88 les 100 kilog.

CHAPITRE IV.

	Tarif général actuel.	Tarif conventionnel.	Tarifs proposés par	
			le Gouvernement.	la Commission des douanes.
	les 100 kilog.	les 100 kilog.	les 100 kilog.	les 100 kilog.
	fr.	fr.	fr.	fr.

Fruits à distiller...	Anis vert..........	2,08	2,00	2,00	2,00
	Baies de Genièvre et de Myrtille et Figues de Cactus..........	Exemptes	(A)	Exemptes	Exemptes
Fruits et graines oléagineux.......		Ex.	Ex.	Ex.	Ex.
Graines à ensemencer..........		Ex.	Ex.	Ex.	Ex.

ART. 5. — *Denrées coloniales de consommation.*

Sucres — non raffinés..	Au-dessous du type n° 13.	65,52	65,52	65,52	65,52
	Du type n° 13 au type n° 20 inclusivement...	68,64	68,64	68,64	68,64
	Au-dessus du type n° 20. — (Poudres blanches). Des colonies et possessions françaises...	70,20	»	70,20	70,20
	Des pays étrangers.	Prohibés 76,18 et 85,80 (B)		73,84	81,20
Sucres — raffinés	Des colonies et possessions françaises	73,32	»	73,32	73,32
	De l'étranger. Candis ..	Prohibés 81,48 et 85,80 (B)		85,80	85,80
	Autres..	Prohibés 76,18 et 35,80 (B)		85,80	85,80
Mélasses. Pour la distillation..........		Exemptes	Exemptes	Exemptes	Exemptes
Pour toute autre destination, ayant de richésse saccharine.......	53 pour 100 ou moins (C)..	22,31	22,31	22,31	22,31
	Plus de 53 pour 100 (C)...	65,52	65,52	Droit du sucre brut au-dessous du n° 13.	Droit du sucre brut au-dessous du n° 13.
Sirops et bonbons.............		65,52	(A)		
Confitures. au sucre ou au miel...		32,76	Moitié du droit du sucre brut au-dessous du n° 13.	Moitié du droit du sucre brut au-dessous du n° 13.	Moitié du droit du sucre brut au-dessous du n° 13.
sans sucre ni miel.....		12,48	8,00	8,32	8,32

La pâte sucrée et aromatisée, désignée dans les anciens tarifs sous la dénomination de sorbets, est assimilée aux confitures au sucre.

(A) Ces produits n'étant pas repris dans les traités, on leur applique le tarif général.

(B) Les droits de 76,18 et 81,48, sont exclusivement applicables à l'Angleterre, à la Belgique et aux Pays-Bas.

(C) D'après les tarifs actuels, la limite de richesse cristallisable pour les mélasses est de 50 pour 100.

Art. 6. — *Huiles et sucs végétaux.*

			Tarif général actuel.	Tarif convention-nel.	Tarifs proposés par	
					le Gouverne-ment.	la Commission des douanes.
			les 100 kilog.	les 100 kilog.	les 100 kilog.	les 100 kilog.
			fr.	fr.	fr.	fr.
Huiles fixes	Pures.	d'Olive.	3,12	3,00	4,50	6,00
		de Palme, de Coco, de Touloucouna.	1,04	(A)	1,00	1,00
		autres.	6,24	6,00 (B)	6,00	6,00
	Aromatisées.		124,80	(A)	80,00	80,00
Huiles volatiles ou essences		de Rose et de bois de Rhodes	4992,00	(C)	4000,00	4000,00
		d'Orange, de Citron et de leurs variétés.	499,20	100,00	150,00	150,00
		Toutes autres	93,60 (D)	(E)	100,00 (E)	100,00
Gommes.			Exemptes	(A)	Exemptes	Exemptes
Résines indigènes et autres produits résineux.			Ex.	Ex.	Ex.	2,00
Essence de térébenthine.			Ex.	Ex.	Ex.	5,00
Baumes			(F)	(G)	10,00	10,00

(A) Ces produits ne sont pas repris dans les traités. On leur applique le tarif général.

(B) A l'exception des huiles d'Arachides et de Ricin, qui sont taxées à 1 franc.

(C) Les traités taxent l'essence de bois de Rhodes à 100 francs les 100 kilog.; ils ne reprennent pas l'essence de Rose, à laquelle on applique, par suite, le tarif général.

(D) Sauf pour les essences désignées ci-après, que le tarif général taxe à 624 francs les 100 kilog. : essences d'Amande amère, d'Anis, de Cajeput, de Camomille, de Cannelle, de Carvi, de Fenouil, de Girofle, de Macis, de Muscade, de Sassafras, de Valériane, de Cassia lignea et de Badiane.

(E) Les essences d'Amande amère, d'Anis, de Badiane, de Cajeput, de Camomille, de Cannelle, de Carvi, de Cassia lignea, de Fenouil, de Girofle, de Macis, de Muscade, de Sassafras et de Valériane sont taxées par le tarif conventionnel à 100 francs les 100 kilog.

Le projet du gouvernement porte 1,500 francs pour les essences de Cannelle, Cassia lignea, Girofle, Muscade et Macis.

(F) Le Benjoin et le Storax sont exempts en tarif général; le Styrax liquide est taxé à 2 fr. 08 les 100 kilog., le baume de Copahu et les baumes non dénommés payent 18 fr. 72.

(G) En tarif conventionnel, le Storax et le Styrax sont tarifés à 2 francs par 100 kilog. Les autres baumes ne sont pas repris dans les traités.

		Tarif général actuel.	Tarif conventionnel.	Tarifs proposés par	
				le Gouvernement.	la Commission des douanes.
		les 100 kilog.	les 100 kilog.	les 100 kilog.	les 100 kilog.
		fr.	fr.	fr.	fr.
	Camphre brut ou raffiné. {Brut Ex. {Raffiné 2,08}		2,00	2,00	2,00
Sucs d'espèces particulières.	Caoutchouc et gutta-percha bruts ou refondus en masse.	Exempts	(A)	Exempts	Exempts
	Glu.	Ex.	(A)	Ex.	Ex.
	Manne.	99,84	8,00	8,00	8,00
	Aloès.	6,24	(A)	6,00	6,00
	Opium.	249,60	(A)	240,00	240,00
	Jus de Réglisse.	59,90	4,00	10,00	10,00
	Sarcocolle, Kino et autres sucs végétaux desséchés.	Exempts	(B)	Exempts	Exempts

Art. 7. — Espèces médicinales.

Racines, herbes, feuilles, fleurs, écorces et lichens.		(C)	(C)	2,00	2,00
Fruits et graines.	Confits au sucre.	(D)	(D)	Moitié du droit du sucre au-dessous du n° 13.	
	Autres. { Casse et Tamarin .	Exempts	(E)	2,00	2,00
	{ Non dénommés. . .	Ex. (F)	(E)	6,00	6,00

(A) Ces produits ne sont pas repris dans les traités ; on leur applique le tarif général.

(B) Ces produits ne sont repris dans les traités qu'au point de vue de la surtaxe qui est réduite à 2 francs par 100 kilog.

(C) D'après le tarif général actuel, les racines, les écorces et les herbes médicinales sont admissibles en franchise (sauf certaines espèces taxées à 2 fr. 08) ; les lichens sont également *Exempts*. En tarif conventionnel, les racines paient 2 francs (sauf la racine de Réglisse qui est *Exemple*), les écorces, herbes, feuilles, fleurs et lichens sont *Exempts*.

(D) D'après le tarif général, la casse confite paye 65 fr. 52 les 100 kilog., les tamarins 32 fr. 76 et les myrobolans 77 fr. 38. Ces produits ne sont pas dénommés dans les Traités.

(E) Ces produits ne sont pas repris dans les Traités.

(F) Sauf la Badiane, qui paye 20 fr. 80.

Art. 8. — *Bois.*

	Tarif général actuel. les 100 kilog. fr.	Tarif conventionnel. les 100 kilog. fr.	Tarifs proposés par le Gouvernement. les 100 kilog. fr.	la Commission des douanes. les 100 kilog fr.
Bois à construire — de Chêne, d'Orme, et de Noyer... bruts ou équarris..	Exempts	Exempts	Exempts	1,50 le stèr
sciés de toute dimension....	Ex. (A)	Ex.	Ex.	2,50 id.
Autres.. bruts ou équarris..	Ex.	Ex.	Ex.	1,20 id.
sciés de toute dimension....	Ex.	Ex. et 0,06 1/4 les 100 mèt. (B)	Ex.	1,50 id.
Mâts, mâtereaux, espars, pigouilles. manches de gaffe, manches de fouine et de pinceau à goudron, avirons et rames....	Ex. (C)	Ex.	Ex.	Exempts
Merrains — de Chêne ou de Châtaigner ayant de longueur : moins de 0m,85.....	0,12 1/2 le millier	Ex.	Ex.	0,75 le mille
de 0m,85 à 1,30 exclusivement....				1,50 le mille
1.30 et plus....				2,50 le mille
autres que de Chêne ou de Châtaigner....	0,12 1/2 le mille	Ex.	Ex.	Moitié de droits ci-dessus, selon la catégorie.
Bois en éclisses....	0,12 1/2 les mille feuilles	0,10 les mille feuilles	0,10 les mille feuilles	3,00 les mille feuilles
Bois feuillard....	0,12 1/2 le mille	Exempt	Exempt.	3,00 le mille
Perches et échalas....	0,31 le mille	0.25 le mille	0,25 le mille	0,25 le mille
Liége brut, râpé ou en planches..	Exempt	Exempt	Exempt	Exempt
Bois à brûler et charbons de bois ou de chenevotte..	Ex.	Ex.	Ex.	Ex.
Autres bois communs....	Ex. (D)	Ex. (D)	Ex.	Ex.
Bois d'ébénisterie — en bûches ou scié à plus de 2 décimètres. Acajou..	(E)	(E)	Ex.	Ex.
Buis...	Ex.	(F)	Ex.	Ex.
Autres..	Ex.	(G)	Ex.	Ex.
Scié à 2 décim. d'épaisseur ou moins.	1 f. 25 les 100 k.	(G)	1 f. les 100 k.	1 f. les 100 k.

Bois communs.

(A) A l'exception du bois d'Orme, qui suit le régime des bois *autres* et paye, par conséquent, 6 c. 1/4 les 100 mètres lorsqu'il est scié à 0m,080 ou moins d'épaisseur.

(B) Le droit de 6 c. 1/4 est applicable aux bois *autres* sciés à 80 millimètres ou moins d'épaisseur.

(C) A l'exception des avirons et des rames, qui payent 2 fr. 50 les 100 kil., lorsqu'ils sont bruts et 6 fr. 24 lorsqu'ils sont façonnés,

(D) A l'exception des Bruyères à vergettes dépouillées de leurs barbes, qui payent 0 fr. 624 les 100 kilog. en tarif général et 0 fr. 50 les 100 kilog. en tarif conventionnel.

(E) L'Acajou suit, tant en tarif général qu'en tarif conventionnel, le régime des bois d'ébénisterie *autres*.

(F) Ces produits ne sont pas repris par les traités.

(G) Les bois d'ébénisterie *autres* ne sont repris dans les Traités qu'au point de vue des surtaxes.

	Tarif général actuel.	Tarif convention-nel.	Tarifs proposés par	
			le Gouverne-ment.	la Commission des douanes.
	les 100 kilog.	les 100 kilog.	les 100 kilog.	les 100 kilog.
	fr.	fr.	fr.	
Bois odorant.	Exempts	(A)	Exempts	Exempts
Bois de teinture en bûches.	Ex.	Exempts	Ex.	Ex.
Bois de teinture moulus	Ex.	Ex.	Ex.	Ex.

Art. 9. — *Filaments, tiges et fruits à ouvrer.*

Coton. En laine ou non égrené	Exempt	(A)	Exempt	Exempt
En feuilles cardées et gommées (ouate)	124,80	10,00	10,00	10,00
Lin et chanvre bruts, teillés, peignés ou en étoupes.	Exempts	Exempts	Exempts	Exempts
Jute en brins, teillé, tordu ou peigné. .	Ex.	Ex.	Ex.	Ex.
Phormium tenax, aloès et autres filaments végétaux, bruts, teillés, tordus, peignés ou en étoupes.	Ex.	Ex.	Ex.	Ex.
Joncs et roseaux bruts.	Ex.	Ex.	Ex.	Ex.
Écorces de Tilleul pour cordages. . . .	Ex.	(A)	Ex.	Ex.
Coques de Coco, calebasses vides et grains durs à tailler.	Ex.	(A)	Ex.	Ex.

Art. 10. — *Teintures et tanins.*

Garance, soit en racine, soit moulue ou en paille.	Exempte	(A)	Exempte	Exempte
Curcuma en racine ou en poudre. . . .	Ex.	Ex. (B)	Ex.	Ex.
Quercitron.	Ex.	(A)	Ex.	Ex.
Lichens tinctoriaux.	Ex.	(A)	Ex.	Ex.
Écorces à tan moulues ou non.	Ex.	Exemptes	Ex.	Ex.
Sumac, Fustet et Épine-vinette (écorces, feuilles et brindilles entières ou moulues).	Ex.	Ex. (C)	Ex.	Ex.
Noix de Galle et Avelanèdes entières; concassées ou moulues.	Ex. (D)	(A)	Ex.	Ex.
Autres racines, herbes, feuilles, fleurs, baies, graines et fruits propres à la teinture et au tannage.	Ex.	(A)	Ex.	Ex.

(A) Ces produits ne sont pas repris dans les Traités; on leur applique le tarif général.
(B) Le Curcuma en poudre est seul repris dans les Traités.
(C) Les Traités ne reprennent que le Sumac moulu.
(D) Les Noix de Galle et les Avelanèdes importées de tout pays d'Europe sont assujetties à une surtaxe de 3 fr. 74.

ART. 11. — *Produits et déchets divers.* — *Compositions diverses.*

	Tarif général actuel.	Tarif convention-nel.	Tarifs proposés par le Gouverne-ment.	la Commission des douanes.
	les 100 kilog.	les 100 kilog.	les 100 kilog.	les 100 kilog.
	fr.	fr	fr.	fr.
Légumes { verts	Exempts	(A)	Exempts	Exempts
{ salés ou confits	3,12	3,00	3,00	3,00
Truffes fraîches, sèches ou marinées	Exemptes	Exemptes	200,00	200,00
Houblon	56,14	12,50	15,00	15,00
Absinthe	Exempte	(A)	Exempte	3,00
Betteraves	Ex.	Ex.	Ex.	Exemptes
Racines de chi- { vertes	0,26	0 25	0,25	0,25
corée { sèches non torréfiées.	1,04	1,00	1.00	10,0
Fourrages (y compris la Jarosse)	Exempts	(A)	Exempts	Exempts
Son de toutes sortes de grains	Ex.	(A)	Ex.	Ex.
Tourteaux de graines oléagineuses	Ex.	(A)	Ex.	Ex.
Drilles	Ex.	(A)	Ex.	Ex.
Tourbes et mottes à brûler	Ex.	(A)	Ex.	Ex.
Produits et déchets végétaux non dé-nommés	Ex. (B)	(A)	Ex.	Ex.
Chicorée brûlée ou moulue	57,20	5,00	5,00	5,00
Amidon	26,21	1,50	2,00	6,00
Fécules indigènes	1,25	1,20	1,20	6,00
Sucre de lait	65,52	Exempt	Exempt	Exempt

ART. 12. — *Boissons.*

	l'hectolitre de liquide.	l'hectolitre de liquide.	l'hectolitre de liquide.	l'hectolitre de liquide.
Vins de toutes sortes (C)	5,20 et 20,80 (D)	3,50	4,50	4,50
Vinaigres autres que ceux de parfumerie (C)	2,08	2,00	2,00	6,00
Cidre, poiré et verjus (C)	2,50	(E)	1,00	1,00
Bière	7,49 (F)	5,75 (F)	7,75 (F)	7,75 (F)
Hydromel (C)	31,20	(A)	20,00	20,00
Jus d'Orange	31,20	Exempt	Même droit que les vins	

(A) Ces produits ne sont pas repris dans les Traités ; on leur applique le tarif général.

(B) A l'exception de l'Agaric préparé, que le tarif général taxe à 2 fr. 08 les 100 kilog. et le tarif conventionnel à 2 francs.

(C) Les droits indiqués ne comprennent pas les taxes intérieures.

(D) Le droit de 5 fr. 20 est applicable aux vins ordinaires ; celui de 20 fr. 80 aux vins de liqueur.

(E) Le cidre est taxé au tarif conventionnel à 0 fr. 25 par hectolitre ; le poiré et le verjus ne sont pas compris dans les Traités.

(F) Y compris la surtaxe, représentant le droit de fabrication perçu sur les bières françaises.

	Tarif général actuel.	Tarif conventionnel.	Tarifs proposés par	
			le Gouvernement.	la Commission des douanes.
	l'hectolitre de liquide.	l'hectolitre de liquide.	l'hectolitre de liquide.	l'hectolitre de liquide.
	fr.	fr.	fr.	fr.
Boissons distillées (A). **Alcools** — Eaux-de-vie — en bouteilles......	31,20	15,00	20,00	25,00
autrement qu'en bouteilles......	31,20	15,00	20,00	25,00
	l'hectolitre d'alcool pur	l'hectolitre d'alcool pur	l'hectolitre d'alcool pur	l'hectolitre d'alcool pur
Autres..............	31,20	15,00	20,00	25,00
	l'hectolitre d'alcool pur	l'hectolitre d'alcool pur	l'hectolitre d'alcool pur	l'hectolitre d'alcool pur
Liqueurs............	36,40	15,00	40,00	40,00
	l'hectolitre de liquide	l'hectolitre de liquide	l'hectolitre de liquide	l'hectolitre de liquide
Pommes et poires écrasées........	Exemptes	(B)	Exemptes	Exemptes

ART. 13. — *Produits ouvrés nécessaires à l'agriculture.*

Locomotives et locomobiles........	49,92	10,00	10,00	10,00
Machines et appareils autres qu'à vapeur, pour l'agriculture.........	18,72	6,00	6,00	6,00
Futailles vides, neuves, montées ou démontées........ — cerclées en bois.....	Exemptes	Exemptes	Exemptes	2,00
cerclées en fer.	Ex.	(C)	0,50	2,50
Balais communs.............	Ex.	Ex.	Ex.	Ex.
Pièces de charpente et de charronnage, brutes, équarries ou sciées.......	Régime des bois à construire selon l'espèce.	Exemptes	Exemptes	Régime des bois à construire selon l'espèce et l'épaisseur.
Planches et frises ou lames de parquet, rabotées, et (ou) bouvetées........ — en chêne ou bois dur...	18,72 p. 100 de la valeur.	Exemptes ou 10 p. 100 de la valeur (D)	2,00	2,50
en sapin ou bois tendre.			1,00	1,25

(A) Les droits indiqués ne comprennent pas les taxes intérieures.

(B) Ces articles ne sont pas compris dans les Traités; on leur applique le tarif général.

(C) Les futailles cerclées en fer sont taxées par les Traités à 10 pour 100 de la valeur. On applique la franchise qui est inscrite dans le tarif général.

(D) La franchise est applicable aux pièces isolées; on taxe à 10 pour 100, *ad valorem*, les pièces comprises dans un encadrement ou munies de raccords métalliques.

	Tarif général actuel.	Tarif convention- nel.	Tarifs proposés par le Gouverne- ment.	la Commission des douanes.
	les 100 kilog.	les 100 kilog.	les 100 kilog.	les 100 kilog.
	fr.	fr.	fr.	fr.
Boissellerie (A)..... { grossière.... fine......	} 4,99	} 4,00 (B)	4,00	6,00
Vannerie en végétaux bruts.........	7,49	»	5,00	5,00
en rubans de bois.........	} 14,98		9,00	9,00
fine d'osier, de paille ou d'autres..	et	10 p. 100		
fibres avec ou sans mélange de	24,96	de la		
de fils de divers textiles.....	(C)	valeur	45,00	45,00
Voitures de commerce et d'agriculture.... { suspendues... prohibées		10 p. 100 de la valeur	12,00	12,00
non suspen- dues.	18.72 p.100 de la valeur	10 p. 100 de la valeur	6,00	6,00

(A) Le projet de la Commission, conforme en cela au tarif général actuel, fait rent.er dans la classe de la *boissellerie* les pelles, fourches, râteaux, plats, cuillers et autres ustensiles de ménage, ainsi que les manches d'outils avec ou sans viroles. Ces divers articles sont nommément repris dans les traités comme admissibles en franchise. D'après le projet de la Commission, les droits de la boissellerie grossière s'applique- raient aux ouvrages pesant plus de 2 kilog. l'un, et les droits de la boissellerie fine à ceux qui auraient à la pièce un poids moindre.

(B) Les importateurs ont la faculté de demander l'application du droit de 10 pour 100 ad *valorem* stipulé dans la convention du 12 octobre 1860.

(C) Les tissus de vannerie sont nommément tarifés à raison de 0 fr. 57 par mètre carré.

CHAPITRE V

Comparaison des récoltes de céréales dans deux périodes
de six années avant 1861 et avant 1879.

Dans sa première question adressée à la Société nationale d'agriculture, M. le Ministre de l'agriculture et du
commerce demande la comparaison de la production des
céréales dans deux périodes de six années, l'une avant
1861, l'autre avant 1879. La réponse est une affaire de
statistique; nous reproduisons dans ce chapitre les chiffres
officiels et nous faisons les moyennes.

1° En ce qui concerne les surfaces cultivées, on trouve :

Période ancienne.

ANNÉES.	FROMENT.	MÉTEIL.	SEIGLE.	ORGE.
	hectares.	hectares.	hectares.	hectares.
1855.	6,419,330	634,618	2,177,925	1,101,797
1856.	6,468,236	619,519	2,123,760	1,088,107
1857.	6,563,530	606,637	2,072,861	1,110,556
1858.	6,639,688	580,578	2,110,945	1,078,643
1859.	6,709,278	585,691	2,032,757	1,072,644
1860.	6,711,298	567,233	2,030,140	1,080,746
Moyennes pour un an.	6,585,226	599,046	2,091,398	1,088,748

ANNÉES.	SARRASIN.	MAÏS ET MILLET.	AVOINE.
	hectares.	hectares.	hectares.
1855.	708,432	660,612	3,107,428
1856.	729,210	651,973	3,092,972
1857.	728,558	651,967	3,040,359
1858.	780,351	653,321	3,058,927
1859.	749,957	655,602	3,119,144
1860.	746,890	650,681	3,162,195
Moyennes pour un an.	740,551	654,038	3,096,873

Période nouvelle.

ANNÉES.	FROMENT.	MÉTEIL.	SEIGLE.	ORGE.
	hectares.	hectares.	hectares.	hectares.
1873.	6,825,948	505,502	1,897,730	1,096,472
1874.	6,874,186	511,738	1,871,081	1,098,073
1875.	6,946,981	481,565	1,893,874	1,043,903
1876.	6,859,438	473,002	1,837,893	1,079,343
1877.	6,976,785	464,391	1,846,468	1,065,329
1878.	6,843,085	442,658	1,804,791	1,010,523
Moyennes pour un an.	6,887,737	479,309	1,858,639	1,065,607

ANNÉES.	SARRASIN.	MAÏS ET MILLET.	AVOINE.
	hectares.	hectares.	hectares.
1873.	690,824	673,617	3,231,469
1874.	678,385	650,195	3,158,696
1875.	658,651	665,298	3,186,880
1876.	660,048	661,122	3,501,017
1877.	663,067	662,117	3,358,656
1878.	663,146	665,266	3,326,003
Moyennes pour un an.	669,020	662,966	3,278,453

De l'ancienne période à la nouvelle, il y a eu, dans les surfaces moyennes emblavées annuellement, augmentation de

302,511 hectares pour le Froment.
8,928 — pour le Maïs.
181,580 — pour l'Avoine.

Soit 493,019 hectares en tout.

et une diminution de

119,737 hectares pour le méteil.
232,759 — pour le Seigle.
23,141 — pour l'Orge,
73,531 — pour le Sarrasin.

Soit 449,178 hectares en totalité.

En fin de compte, les emblavures en céréales de tous genres ne sont maintenant supérieures à celles de la période qui a précédé 1861 que de 43,841 hectares. Le Froment et l'Avoine ont remplacé, en partie, le méteil et le Seigle.

2° Les rendements moyens par hectare ont ainsi été établis par hectolitre :

Période ancienne.

ANNÉES.	FROMENT.	MÉTEIL.	SEIGLE.	ORGE.
	hectol.	hectol.	hectol.	hectol.
1855.	11,36	11,71	10,08	18,75
1856.	13,19	14,73	10,91	17,84
1857.	16,75	17,46	13,93	19,07
1858.	16,56	17,15	14,29	16,78
1859.	13,05	13,45	12,54	15,63
1860.	15,13	15,24	13,39	18,26
Moyennes annuelles.	14,38	14,96	12,52	17,72

ANNÉES.	SARRASIN.	MAÏS ET MILLET.	AVOINE.
	hectol.	hectol.	hectol.
1855.	16,76	15,62	23,77
1856.	15,66	11,67	22,66
1857.	12,42	15,13	22,60
1858.	17,20	13,26	18,83
1859.	14,35	14,77	20,67
1860.	13,38	15,77	22,76
Moyennes annuelles.	14,96	14,37	21,88

Nouvelle période.

ANNÉES.	FROMENT.	MÉTEIL.	SEIGLE.	ORGE.
	hectol.	hectol.	hectol.	hectol.
1873.	11,99	12,57	10,70	17,29
1874.	19,36	19,35	15,16	17,91
1875.	14,48	15,32	14,21	17,38
1876.	13,90	15,06	14,41	17,19
1877.	14,35	15,31	13,53	16,32
1878.	13,92	14,00	13,40	16,25
Moyennes annuelles.	14,67	15,27	13,80	17,05

ANNÉES.	SARRASIN.	MAÏS ET MILLET.	AVOINE.
	hectol.	hectol.	hectol.
1873.	13,34	14,13	23,75
1874.	17,71	16,57	21,63
1875.	13,90	15,66	21,80
1876.	8,95	10,73	21,15
1877.	15,07	16,17	20,53
1878.	17,35	16,48	23,23
Moyennes annuelles.	14,39	14,95	22,01

Les rendements par hectare ont été plus forts dans la dernière période que dans l'ancienne pour le Froment, le méteil, le Seigle, le Maïs et le Millet et l'Avoine; ils n'ont été plus faibles que pour l'Orge et le Sarrasin.

3° Les récoltes totales ont présenté les résultats suivants :

Période ancienne.

ANNÉES.	FROMENT.	MÉTEIL.	SEIGLE.	ORGE.
	hectol.	hectol.	hectol.	hectol.
1855.	72,936,726	7,434,249	21,949,807	20,659,128
1856.	85,308,653	9,128,665	23,174,442	19,415,492
1857.	110,426,462	10,579,699	28,884,246	21,178,649
1858.	109,989,747	9,957,429	30,169,436	18,106,156
1859.	87,545,960	7,880,753	25,488,150	16,772,468
1860.	101,573,625	8,646,642	27,191,237	19,739,824
Production en 6 ans.	567,781,173	53,627,437	156,857,318	115,871,717

ANNÉES.	SARRASIN.	MAÏS ET MILLET.	AVOINE.	PRODUCTION totale en céréales de tous genres.
	hectol.	hectol.	hectol.	hectol.
1855.	11,867,704	10,322,235	73,856,205	219,026,054
1856.	11,418,250	7,611,878	69,859,762	225,917,142
1857.	9,054,068	9,865,095	68,732,714	258,720,933
1858.	13,426,843	8,662,269	57,605,392	247,917,272
1859.	10,760,736	9,687,415	64,477,552	222,613,034
1860.	10,298,121	10,258,731	72,095,152	249,803,332
Production totale en 6 ans.	66,825,722	56,407,623	406,626,777	1,423,997,767

Période nouvelle.

ANNÉES.	FROMENT.	MÉTEIL.	SEIGLE.	ORGE.
	hectol.	hectol.	hectol.	hectol.
1873.	81,892,667	4,355,423	20,320,025	18,965,077
1874.	133,130,163	9,894,447	28,369,818	19,675,921
1875.	100,634,861	7,381,934	26,919,125	18,144,352
1876.	95,439,832	7,126,429	26,486,506	18,561,214
1877.	100,145,651	7,108,709	24,996,829	17,386,932
1878.	95,270,698	6,199,865	24,188,485	16,421,978
Production en 6 ans.	606,513,872	42,066,807	151,280,788	109,155,474

ANNÉES.	SARRASIN.	MAÏS ET MILLET.	AVOINE.	PRODUCTION totale en céréales de tous genres.
	hectol.	hectol.	hectol.	hectol.
1873.	9,922,047	9,521,885	66,772,124	221,749,248
1874.	12,017,703	10,778,645	68,337,410	282,204,107
1875.	9,161,584	10,423,489	69,501,456	242.166,801
1876.	5,904,365	7,095,481	73,754,087	234,367,914
1877.	10,990,168	10,706,819	68,977,898	240,313,006
1878.	11,505,733	11,282,675	77,289,789	242,159,223
Production totale en 6 ans.	59,501,600	59,808,994	434,632,764	1,462,960,299

Ainsi, c'est surtout pour le Froment que l'ensemble de la la production en grains s'est augmentée en passant de la période antérieure à 1861 à la période qui a précédé 1879.

En 1879 les récoltes ont donné :

Froment. . . . . 82,152,282 hectolitres.
Méteil. . . . . . 5,307,024 —
Seigle. . . . . . 19,515,970 —

4° Si l'on compare les prix moyens du Froment dans les deux mêmes périodes, on obtient les résultats suivants :

Ancienne période.

ANNÉES.	PRIX MOYEN DE L'HECTOLITRE.
	fr.
1855.	20,32
1856.	30,75
1857.	24,37
1858.	16,75
1859.	16,74
1860.	20,24
Prix moyen de la période.	21,53

Période nouvelle.

ANNÉES.	PRIX MOYEN DE L'HECTOLITRE.
	fr.
1873.	25,62
1874.	25,11
1875.	19,32
1876.	20,59
1877.	23,44
1878.	23,00
Prix moyen de la période.	22,84

Le cours moyen de l'hectolitre de Blé a donc été plus élevé durant ces dernières années qu'avant 1861.

Il convient de constater que, à partir du mois d'octobre 1878, les prix ont éprouvé une baisse assez forte, en sorte que le prix moyen, du 1er août 1878 au 30 avril 1879, n'est plus que de 21 fr. 25; mais les cours se sont ensuite relevés. Voici, du reste, semaine par semaine, les prix moyens pour toute la France :

SEMAINES.	PRIX MOYEN DE L'HECTOLITRE.
	fr.
5 octobre 1878.	21,81
12 —	21,57
19 —	21,27
26 —	21,03

SEMAINES.	PRIX MOYEN DE L'HECTOLITRE.
	fr.
2 novembre 1878.	20,97
9 —	20,82
16 —	20,85
23 —	20,88
30 —	21,00
7 décembre.	21,03
14 —	20.90
21 —	20,73
28 —	20,58
4 janvier 1879.	20,55
11 —	20,31
18 —	20,22
25 —	20,07
1er février.	20,04
8 —	20,04
15 —	20,01
22 —	20,01
1er mars.	20,07
8 —	20,28
15 —	20,40
22 —	20,67
29 —	20,66
5 avril.	20,52
12 —	20,53
19 —	20,52
26 —	20,46
3 mai.	20,55
10 —	20,56
17 —	20,70
24 —	20,79
31 —	20,94
7 juin.	20,91
14 —	21,03
21 —	20,95
28 —	20,97
5 juillet.	20,91
12 —	20,97
19 —	21,03
26 —	21,06
2 août.	21,39
9 —	21,44
16 —	21.43
23 —	21,42
30 —	21,44

SEMAINES.	PRIX MOYEN DE L'HECTOLITRE.
	fr.
6 septembre 1879.	21,48
13 —	21,30
20 —	21,33
27 —	21,42
4 octobre..	21,81
11 —	21,99
18 —	22,29
25 —	23,16
1ᵉʳ novembre.	23,67
8 —	23,37
15 —	23,64
22 —	23,61
29 —	23,61
6 décembre.	23,52
13 —	23,70
20 —	23,97
27 —	23,97
Prix moyen de l'année 1879	21,38
3 janvier 1880.	24,01
10 —	24,03
17 —	24,00
24 —	24,00
31 —	23,97

La hausse sur les prix du Froment ne s'est prononcée qu'à partir du mois d'octobre 1879.

CHAPITRE VI

Valeur brute moyenne de la production d'un hectare cultivé en Blé.

Il est intéressant de connaître quelle a été, selon les années, la valeur brute moyenne de la production d'un hectare cultivé en Blé pendant la période du régime de l'échelle mobile (**1821 à 1861** inclusivement) et pendant la période du régime de la liberté commerciale (**1862** au **31 décembre 1878**). Nous allons en donner le tableau d'après les documents officiels; la paille n'est pas comprise dans les évaluations.

Période du régime de l'échelle mobile.

ANNÉES. —	Nombre d'hectares essemencés en froment.	Quantité totale récoltée par an. —	Quantité moyenne récoltée par hectare.	Prix moyens de l'hectolitre.	Valeur moyenne brute de la production par hectare.
	hectares.	hectol.	hectol.	fr.	fr.
1821.	4,753,079	58,219,268	12,25	17,79	217,92
1822.	4.797,810	50,856,707	10,60	15,49	164,19
1823.	4,854,816	58,676,862	12,08	17,52	211,64
1824.	4,884,232	61,788,972	12,65	16,22	205,18
1825.	4,854,169	61,035,177	12,57	15,74	197,85
1826.	4,895,088	59,631,917	12,18	15,85	193,05
1827.	4,902,981	56,785,944	11,58	18,20	210,75
1828.	4,948,130	58,823,512	11,80	22,03	259,95
1829. . . .	5,024,488	64,285,521	12,79	22,59	287.93
1830.	5,011,704	52,782,008	10,53	22.39	235.76
1831.	5,111,155	56,429,694	11,04	22,10	243,98
1832.	5,159,759	80,089,016	15,52	21,85	339,11
1833.	5,242,779	66,073,141	12,60	15,62	196,81
1834.	5,302.748	61,981,226	11,68	15,25	178,12
1835.	5,338,043	71,697,484	13.43	15,25	204,80
1836.	5,284,807	63,583,725	12,03	17,32	208,36
1837.	5,407,868	67,915,534	12,56	18,53	232.73
1838.	5,460,749	67,743,571	12,41	19,31	239,63
1839.	5,489,988	64,935,732	11,82	22.14	261.69
1840.	5,531,782	80,880,431	14,62	21,84	319,30
1841.	5,562,668	71,463,683	12,67	18,54	234,90
1842.	5,576,110	71,314,220	12,79	19,55	250,04
1843.	5,664,105	73,650,509	13,00	20,46	265,98
1844.	5,679,337	82,454,845	14,52	19,75	286,77
1845.	5,743,135	71,963,280	12,53	19,75	247,46
1846.	5,936,908	60,696,968	10,23	24,05	246,03
1847.	5.979,311	97,611,140	16,32	29,01	473,44
1848.	5,973,377	87,994,435	14,73	16,05	236,41
1849.	5,966,153	90,761,712	15,21	15,37	233,77
1850.	5,951,384	87,986,788	14,78	14,32	211,65
1851.	5,999,376	85.986,232	14,33	14.48	207,50
1852.	6,090,049	86,065,386	14,13	17,23	243,46
1853.	6,210,605	63,709,038	10,26	22,39	229,72
1854.	6,408,238	97,194,271	15,17	28,82	337,20
1855.	6.419,330	72,936,726	11,36	20,32	230,83
1856.	6,468,236	85,308,953	13,19	30,75	405,59
1857.	6,593,530	110,426,462	16.75	24,34	407,69
1858.	6,639,688	109,989,747	16,56	16,75	277,48
1859.	6,709,278	87,545,960	13,05	16,74	217,45
1860. . . .	6,711,298	101,573,625	15,13	20,24	306,23
1861. . . .	6,754,227	75,116,287	11,12	24,55	272,99
MOYENNES.	»	»	13,04	20,23	261,27

Les rendements moyens extrêmes par hectare n'ont varié, pendant cette période, que de 10ʰ,23 (1846) à 16ʰ,75 (1857), tandis que les prix les plus bas et les plus élevés ont été de 14 fr. 32 (1850) et 30 fr. 75 (1856). Quant à la valeur brute de la récolte, elle a présenté des dissemblances de 164 fr. 19 (1822) à 473 fr. 44 (1847). Les proportions ont été environ de 2 à 3 pour les rendements à l'hectare, de 1 à 2 pour les prix, de 1 à 3 pour les valeurs brutes des récoltes.

Période du régime de liberté.

ANNÉES.	Nombre d'hectares ensemencés en froment.	Quantité totale récoltée par an.	Quantité moyenne récoltée par hectare.	Prix moyens de l'hectolitre.	Valeur moyenne brute de la production par hectare.
	hectares.	hectol.	hectol.	fr.	fr.
1862.	6,881,613	99,292,224	14,43	23,24	335,35
1863.	6,918,768	116,781,794	16,83	19,78	332,89
1864.	6,889,073	111,274,018	16,15	17,58	283,91
1865.	6,904.892	95,571,609	13,84	16,41	227,11
1866.	6,915,565	85,131,455	12,33	19,61	241,79
1867.	6,960,425	83,005,739	11,92	26,19	312,18
1868.	7,062,841	116,783,000	16,53	26.64	440,36
1869. , . . .	7,034,087	107,941,553	15,34	20,33	311,86
1871.	6,422,883	69,276,419	10,78	25,65	276,50
1872.	6,937,922	120,803,459	17,41	23,15	403,04
1873.	· 6,825,948	81,892,667	. 12,00	25,62	307,44
1874.	6,874,186	133,130,163	19,36	25,11	486,13
1875.	6,946,981	100,634,861	14,48	19,32	279,75
1876.	6,859,458	95,439,832	13,90	20,59	286,20
1877.	6,976,785	100,145,651	14,35	23,44	336,36
1878.	6,843,085	95,270,698	13,92	23,00	320,16
MOYENNES.	»	»	14,59	21,27	311,31

Ainsi, durant la dernière période, les rendements moyens à l'hectare, les cours moyens de l'hectolitre et enfin la valeur brute moyenne de la récolte par hectare se sont notablement élevés. En même temps, les extrêmes ont moins différé : de 10ʰ,78 (1871) à 19ʰ,36 pour les rendements, de 16 fr. 41 (1865) à 26 fr. 64 (1868) pour les cours moyens et de 227 fr. 11 (1865) à 486 fr. 13 (1874) pour les valeurs brutes de la production par hectare.

Il convient de rappeler que, en 1870, il n'a pas été possible de recueillir des renseignements complets sur la récolte et sur les prix de vente des Blés en France ; il a donc fallu renoncer à faire figurer cette terrible année dans nos tableaux. En outre, la superficie enblavée en 1871 a été réduite tout d'un coup par suite de la perte que la France a faite de l'Alsace-Lorraine.

CHAPITRE VII

Des importations et des exportations de Froment.

L'opinion des agriculteurs a besoin d'être fixée par des chiffres sur le rôle que jouent les importations de céréales étrangères dans la consommation.

Dans un premier tableau, on trouve ci-dessous les impor-tations et les exportations du Froment pendant la période du régime de l'échelle mobile (1821 à 1861 inclusivement), et dans un dernier tableau, ce qui concerne le même sujet, pendant la période de la liberté commerciale (1862 au 31 décembre 1878). Les grains et les farines sont cumulés sous une même dénomination; les farines ont été rame-nées à l'hectolitre de grain de 75 kilogrammes.

Période de l'échelle mobile.

ANNÉES.	IMPORTATIONS.	EXPORTATIONS.	EXCÉDANT DES	
			IMPORTATIONS.	EXPORTATIONS.
	hectol.	hectol.	hectol.	hectol.
1821. . . .	541,760	56,227	485,533	»
1822. . . .	868	64,201	»	63,333
1823. . . .	1,103	80,090	»	78.987
1824. . . .	1,117	193,558	»	192,441
1825. . . .	845,033	710,756	134,277	»
1826. . . .	80,004	481,255	»	401,251
1827. . . .	29,045	188,724	»	159,679
1828. . . .	571,291	181,586	389,705	»
1829. . . .	821,379	191,544	629,835	»
1830. . . .	973,096	125,069	848,027	»
1831. . . .	548,996	207,379	341,617	»
1832. . . .	3,978,433	206,376	3,772.057	»
1833. . . .	5,667	228,915	»	223,248
1834. . . .	412	244,233	»	243,821
1835. . . .	400	240,241	»	239,832
1836. . . .	196,005	288,171	»	92,166
1837. . . .	153,457	435,571	»	282,114
1838. . . .	89,563	594,015	»	504,452
1839. . . .	1,092,749	812,087	280,662	»
1840. . . .	1,997,499	187,438	1,810,061	»
1841. . . .	138,984	776,316	»	637,332
1842. . . .	500,360	777,343	»	276,983
1843. . . .	1,800,203	264,009	1,536,194	»
1844. . . .	2,200,688	347,145	1,853,543	»
1845. . . .	665,756	400,370	265,386	»
1846. . . .	4,372,880	127,051	4,245,829	»
1847. . . .	3,695,949	180,779	3,515,170	»
1848. . . .	1,111,856	1,752.299	»	640,443
1849. . . .	4,023	2,695,545	»	2,691,522
1850. . . .	761	3,968,784	»	3,968,023
1851. . . .	91,157	4,447,448	»	4,356,291
1852. . . .	138,215	2,156,133	»	2,017,918
1853. . . .	4,276,917	969,572	3,307,345	»
1854. . . .	5,009,767	233,048	4,776,719	»
1855. . . .	3,293,083	179,773	3,113,310	»
1856. . . .	7,870,449	157,433	7,713,016	»
1857. . . .	3,920,168	386,063	3,534,105	»
1858. . . .	1,846,017	6,338,252	»	4,492,235
1859. . . .	1,418,252	7,981,036	»	6,562,784
1860. . . .	737,489	4,697,419	»	3,959,930
1861. . . .	13,600,892	1,182,232	12,418,660	»
TOTAUX.	68,621,752	45,735,486	54,971,051	32,084,785

Excédant des importations
sur les exportations. . 22,886,266   22,886,266

Le nombre des années, pendant lesquelles il y a eu excédant des importations est de 20 ; celui des années où les exportations l'ont emporté, est de 21.

Période de la liberté.

| ANNÉES. | IMPORTATIONS. | EXPORTATIONS. | EXCÉDANT DES | |
			IMPORTATIONS.	EXPORTATIONS.
	hectol.	hectol.	hectol.	hectol.
1862. . . .	6,238,151	542,540	5,695,611	»
1863. . . .	2,448,925	815,003	1,633,922	»
1864. . . .	809,528	1,993,951	»	1,184,423
1865 . . .	340,735	4,657,673	»	4,316,938
1866. . . .	835,989	6,628,704	»	5,792,715
1867. . . .	9,083,869	557,883	8,525,986	»
1868. . . .	11,032,299	667,412	10,364,887	»
1869. . . .	1,845,492	874,192	971,300	»
1871. . . .	13,841,379	149,489	13,691,890	»
1872 . . .	5,641,611	4,088,227	1,553,384	»
1873. . . .	6,902,702	2,863,363	4,039,339	»
1874. . . .	10,912,844	2,193,827	8,719,017	»
1875. . . .	4,709,549	6,283,976	»	1,574,427
1876. . . .	7,114,135	3,205,993	3,908,142	»
1877. . . .	4,642,727	4,961,370	»	318,643
1878. . . .	17,345,888	120,595	17,225,293	»
TOTAUX.	103,745,823	40,604,198	76,328,771	13,187,146

Excédant des importations
sur les exportations. . 63,141,625   63,141,625

Dans cette période de 16 années, il y a eu 11 années avec excédant des importations sur les exportations, et 5 seulement, où la récolte a permis de vendre au dehors plus qu'on a acheté de grains.

D'après le dernier tableau publié par l'Administration des douanes, le commerce du Blé a donné les résultats suivants en 1879 :

Importations. . . . . 29,801,453 hectolitres.
Exportations. . . . . 441.824 —

Il y a lieu de remarquer qu'il n'a été publié aucun document sur la récolte et sur les prix de vente en France en 1870; on a donc supprimé dans le tableau précédent tous les chiffres relatifs à cette année.

Pour apprécier les résultats de la statistique en ce qui concerne les excédants de grains dont la France a eu besoin à diverses époques, il faut en rapprocher les chiffres de la population que fournissent le tableau suivant :

RECENSEMENTS.	POPULATION.
1821.	30,461,875 habitants.
1831.	32,569,223 —
1836. . , ...	33,540,910 —
1841.	34,230,178 —
1846.	35,401,761 —
1851.	35,783,170 —
1856.	36,039,364 —
1861.	37,382,225 —
1866.	38,067,064 —
1872.	36,102,921 —
1876.	36,905,788 —

D'après les documents officiels, on peut établir ainsi qu'il suit la consommation moyenne annuelle :

De 1821 à 1835, par an.	61,683,072 hectolitres.
De 1836 à 1855, —	78,337,631 —
De 1856 à 1879. —	102,129,859 —

Il y a lieu de remarquer que, en 1871, le stock des Froments, en France, s'est trouvé épuisé ; on peut donc faire une nouvelle supputation pour la consommation, à partir de cette dernière année. De 1871 à 1877 inclusivement, la production totale de Froment, en France, a été de 701,323,052 hectolitres, et l'excédant des importations sur les exportations de 30,018,502 hectolitres, ce qui donne un total de 731,341,554 hectolitres, lequel représente la consommation totale des 7 années 1871 à 1877, et donne pour cette période une moyenne, par an, de 104,477,365 hectolitres. Dans le même laps de temps, la production moyenne n'a été que de 100,189,007 hectolitres, d'où un déficit annuel moyen de 4,288,358 hectolitres comblés par l'importation.

CHAPITRE VIII

Sur les communes où la taxe du pain est usitée.

Toutes les municipalités de France sont armées du droit de taxer le prix du pain en vertu de l'article 30 de la loi du 19-22 juillet 1791 qui est toujours en vigueur. Cet article est ainsi conçu :

« La taxe des subsistances ne pourra, *provisoirement*, avoir lieu, dans aucune ville ou commune du royaume, que sur le pain et la viande de boucherie, sans qu'il soit permis, en aucun cas, de l'étendre sur le vin, le blé, les autres grains ni autres denrées, et ce, sous peine de destitution des officiers municipaux. »

Le tableau suivant indique le nombre des communes où la taxe du pain autorisée provisoirement, il y a bientôt un siècle, est encore en vigueur :

Départements.	Nombre total des communes du département.	Nombre des communes soumises à la taxe officielle.
Ain.	453	2
Aisne.	837	néant
Allier.	317	néant
Alpes (Basses).	251	3
Alpes (Hautes).	189	4
Alpes-Maritimes. . . .	158	néant
Ardèche.	339	néant
Ardennes.	502	néant
Ariège.	336	106
Aube.	446	9
Aude.	436	7
Aveyron.	895	néant
Bouches-du-Rhône. . .	108	16
Calvados.	764	16
Cantal.	266	4
Charente.	486	21
Charente-Inférieure. . .	481	6
Cher.	291	6
Corrèze.	287	néant
Corse.	363	néant
Côte-d'Or.	717	néant
Côtes-du-Nord.	389	9
Creuse.	263	néant
Dordogne.	582	néant
Doubs.	638	néant
Drôme.	372	néant
Eure. . . . . . , . . .	760	32
Eure-et-Loir.	426	4
Finistère.	287	néant
Gard.	348	7
Garonne (Haute).	585	16
Gers.	465	16
Gironde.	552	7
Hérault. . , ...	336	4
Ille-et-Vilaine. . , . . .	353	2
Indre.	245	11
Indre-et-Loire.	282	néant
Isère. . -	558	4
Jura.	584	2
Landes.	333	333
Loir-et-Cher	297	18
Loire.	329	néant
Loire (Haute).	263	néant
Loire-Inférieure.	217	1
Loiret.	349	néant

Départements.	Nombre total des communes du département.	Nombre des communes soumises à la taxe officielle.
Lot.	323	2
Lot-et-Garonne.	325	11
Lozère.	196	3
Maine-et-Loire.	381	néant
Manche.	643	15
Marne.	665	7
Marne (Haute).	550	9
Mayenne.	276	1
Meurthe-et-Moselle.	596	1
Meuse.	586	3
Morbihan.	249	5
Nièvre.	313	6
Nord.	662	11
Oise.	701	17
Orne.	511	15
Pas-de-Calais.	904	3
Puy-de-Dôme.	465	néant
Pyrénées (Basses).	558	3
Pyrénées (Hautes).	480	néant
Pyrénées-Orientales.	231	1
Rhône.	264	néant
Saône (Haute).	583	2
Saône-et-Loire.	589	3
Sarthe.	386	néant
Savoie.	327	néant
Savoie (Haute).	314	1
Seine.	72	néant
Seine-et-Marne.	759	11
Seine-et-Oise.	530	5
Seine-Inférieure.	686	néant
Sèvres (Deux).	356	2
Somme.	835	4
Tarn.	318	13
Tarn-et-Garonne.	194	23
Var.	145	4
Vaucluse.	150	7
Vendée.	299	32
Vienne.	300	4
Vienne (Haute).	203	néant
Vosges.	531	3
Yonne.	485	1
Arrondissement de Belfort.	106	6
Totaux.	36,056	898

La taxe n'existe plus dans.	27 départements	
Elle n'existe dans toutes les communes que dans les Landes.	1	—
Elle n'est appliquée dans plus de 100 communes que dans l'Ariége.	1	—
Elle est établie dans des communes dont le nombre varie de 21 à 33 dans la Charente, l'Eure, le Tarn-et-Garonne et la Vendée.	4	—
Elle est établie dans des communes dont le nombre varie de 11 à 20 dans. . .	13	—
Elle est établie dans des communes dont le nombre varie de 8 à 10 dans. . . .	41	—
Total.	87	

La taxe est toujours en vigueur dans sept grandes villes, dont la population excède 30,000 âmes ; ce sont :

Marseille.	303,722	habitants
Toulouse.	118,886	—
Toulon.	53,640	—
Montpellier.	48,270	—
Grenoble.	39,444	—
Troyes.	38,697	—
Béziers..	35,327	—

La taxe est, en outre, encore maintenue dans les grandes villes suivantes : Aix, Alençon, Cherbourg, Cambrai, Douai, Beauvais, Evreux, Bourges, Vesoul et Montauban.

Les autres communes où la taxe est en vigueur ne sont que des petites villes ou des communes rurales.

CHAPITRE IX

De la production de la viande en France.

Il est fait, tous les cinq ans, des enquêtes sur la consommation de la viande dans les villes de 10,000 âmes au moins, dans les chefs-lieux d'arrondissement, dans les autres villes et dans les communes rurales, ainsi que sur le bétail existant en France.

Nous reproduisons les chiffres constatés aux cinq recensements de 1856, 1862, 1867, 1872 et 1877.

Année 1856.

	Existences.	Production en viande.	Pertes annuelles par maladies ou accidents.
	Têtes.	Kilog.	Têtes.
Bœufs.	1,861,362	169,823,400	»
Taureaux.	289,097		
Vaches.	5,781,465	129,262,800	»
Taurillons, bouvillons et gé- nisses.	2,161,813	»	
Veaux { d'élève.	1,191,361	»	
{ de boucherie. . . .	2,669,196	109,064,400	»
Totaux pour l'espèce bovine.	13,954,294	408,150,600	535,428
Moutons et brebis.	24,562,036	99,926,900	1,061,804
Agneaux.	8,719,556		
Totaux pour l'espèce ovine.	33,281,592	»	
Porcs et porcelets.	5,246,403	279,887,200	69,731
Viandes dépecées ou salées.		47,151,800	»
Total de la production annuelle. .		835,116,500	»

Année 1862.

	Existences.	Production en viande.	Pertes annuelles par maladies ou accidents.
	Têtes.	Kilog.	Têtes.
Bœufs.	2,041,252	273,109,800	»
Taureaux.	339,348		
Vaches.	6,406,261	122,131,300	»
Taurillons, bouvillons, gé- nisses.	2,168,412	»	
Veaux { d'élève.	1,000,932	»	
{ de bouch rie. . . .	2,055,610	143,850,700	»
Totaux pour l'espèce bovine.	14,011,815	539,091,800	332,097
Moutons et brebis.	24,453,550	102,898,600	»
Agneaux.	5,076,128	8,958,800	»
Totaux pour l'espèce ovine.	29,529,678	111,857,400	832,263
Porcs et porcelets. . . ' . . .	6,037,543	345,507,400	90,562
Viandes dépecées ou salées.	»	46,801,600	»
Total de la production annuelle. .		1,043,258,200	

Année 1867.

	Existences.	Production en viande.	Pertes annuelles par maladies ou accidents.
	Têtes.	Kilog.	Têtes.
Bœufs.	1,978,452	268,659,100	»
Taureaux.	372,221		
Vaches.	6,694,502	146,648,200	»
Taurillons, bouvillons, gé-nisses.	2,277,703	»	
Veaux { d'élève.	1,410,310	»	
{ de boucherie. . . .	1,965,780	130,436,800	»
Totaux pour l'espèce bovine.	14,698,968	545,744,100	343,078
Moutons et brebis.	22,778,353	104,641,200	»
Agneaux.	7,607,880	10.279,100	»
Totaux pour l'espèce ovine.	30,386,233	114,920,300	858,611
Porcs et porcelets.	5,889,624	324,810,800	74,118
Viandes dépecées ou salées.		67,780,100	
Total de la production annuelle. .		1.053,255,300	

Année 1872.

	Existences.	Production en viande.	Pertes annuelles par maladies ou accidents.
	Têtes.	Kilog.	Têtes.
Bœufs.	1,710,531	253,541,500	»
Taureaux.	316,367		
Vaches.	6,013,089	161,133,800	»
Taurillons, bouvillons, gé-nisses.	1,983,789	»	
Veaux { d'élève.	1,260,638	»	
{ de boucherie . . .	1,446,146	108,646,600	»
Totaux pour l'espèce bovine.	12,730,560	523,321,900	297,710
Moutons et brebis.	17,619,967	71,705,000	»
Agneaux.	6,969,680	10,384,900	»
Totaux pour l'espèce ovine.	24,589,647	82,089,900	681,768
Porcs et porcelets.	5,377,231	328,118,400	62,061
Viandes dépecées ou salées.		68,421,800	»
Total de la production annuelle. .		1,001,952,000	»

Année 1877.

	Existences.	Production en viande.	Pertes annuelles par maladies ou accidents.
	Têtes.	Kilog.	Têtes.
Bœufs.	2,056,434	} 226,727,800	»
Taureaux.	316,312		
Vaches.	5,629,503	199,751,300	»
Taurillons, bouvillons, génisses.	1,865,719	»	»
Veaux { d'élève.	1,228,291	»	»
{ de boucherie. . . .	2,149,524	161,144,400	»
Totaux pour l'espèce bovine.	13,245,783	587,623,500	288,961
Moutons et brebis.	17,079,701	} 135,367,900	582,527
Agneaux.	6,594,515		
Totaux pour l'espèce ovine.	23,674,216	»	»
Porcs et porcelets.	5,675,617	398,732,800	67,948
Viandes dépecées ou salées.		78,486,300	»
Total de la production annuelle. .		1,200,210,500	»

Les pertes énormes que la guerre, la diminution du territoire, le typhus contagieux, ont fait subir au bétail de la France en 1870-71, ont atteint plus de 2 millions de têtes bovines, de 6 millions de têtes ovines et d'un demi-million de porcs. Néanmoins, il y a eu prompte réparation, car la production de la viande est redevenue, en 1877, plus considérable qu'en 1867. La diminution seule de la population ovine continue à se prononcer.

Mais les chiffres suivants relevés aux mêmes sources officielles constatent davantage les changements qui se sont produits avec le temps.

Les premiers que nous citons sont relatifs aux poids vifs des animaux livrés à la boucherie.

	1856	1862	1867	1872	1877
	Kil.	Kil.	Kil.	Kil.	Kil.
Bœufs.	585	582	587	593	596
Vaches.	410	418	416	424	436
Veaux.	82	85	89	91	93
Moutons.	29	30	30	29	30
Agneaux.	8	8	9	8	»
Porcs.	131	112	134	142	144

Voici maintenant les rendements en viande nette par tête des animaux abattus :

	1856	1862	1867	1872	1877
	Kil.	Kil.	Kil.	Kil.	Kil.
Bœufs.	319	316	319	322	324
Vaches.	219	209	207	212	218
Veaux.	56	58	61	62	64
Moutons.	19	20	20	19	20
Agneaux.	5	5	6	5	6
Porcs.	85	92	87	92	93

Un autre renseignement important est celui qui est relatif au mouvement des prix d'une période à l'autre ; il fournit le tableau suivant :

Prix du kilogramme de viande non compris les issues.

	1856	1862	1867	1872	1877
	Fr.	Fr.	Fr.	Fr.	Fr.
Bœuf.	1.12	1.18	1.36	1.63	1.69
Vache.	0.98	1.04	1,21	1.51	1.55
Veau	1.15	1.25	1.42	1.80	1.81
Mouton.	1.18	1.27	1.45	1.80	1.86
Agneau.	1.34	1.08	1.24	1.54	1.48
Porc.	1.35	1.40	1.43	1.65	1.69
Viandes fraîches.	1.10	1.35	1.37	1.75	1.52
Viandes salées. .	»	1.00	1.25	1.50	1.75

Les prix ci-dessus de la viande sont ceux du commerce en gros pour les animaux sur pied. En ce qui concerne les viandes fraîches et salées, les prix sont ceux arrêtés par la commission permanente pour la fixation des valeurs de douanes.

Depuis **1877**, les prix moyens relevés, chaque semaine, au marché de la Villette, ont été les suivants pour le kilogramme de viande nette des animaux sur pied.

1878	BŒUF	VACHE	TAUREAU	VEAU	MOUTON	PORC GRAS	PORC MAIGRE
	fr.	fr.	fr.	fr.	fr.	fr.	fr.
5 janvier....	1,57	1,44	1,39	2,00	1,94	1,44	1,40
12 —	1,56	1,43	1,28	2,02	1,98	1,42	1,40
19 —	1,60	1,42	1,35	2,00	1,89	1,35	1,40
26 —	1,63	1,42	1,42	2,11	1,93	1,49	1,40
2 février.....	1,61	1,42	1,41	2,16	2,00	1,43	1,40
9 —	1,66	1,44	1,48	2,16	1,96	1,42	1,40
16 —	1,63	1,42	1,41	2,20	1,92	1,46	1,40
23 —	1,59	1,40	1,34	2,02	2,04	1,45	1,40
2 mars......	1,61	1,42	1,30	2,08	2,04	1,50	1,42
9 —	1,61	1,42	1,41	2,15	2,02	1,43	1,40
16 —	1,63	1,45	1,42	2,19	2,07	1,49	1,40
23 —	1,64	1,47	1,42	2,14	2,05	1,49	1,40
30 —	1,68	1,50	1,55	2,07	1,99	1,49	1,40
6 avril......	1,68	1,52	1,49	2,03	1,94	1,45	1,40
13 —	1,66	1,50	1,52	1,97	1,90	1,48	1,40
20 —	1,57	1,40	1,43	1,68	1,90	1,48	1,40
27 —	1,60	1,48	1,48	2,12	1,45	1,48	1,40
4 mai.......	1,65	1,49	1,46	2,09	1,72	1,45	1,40
11 —	1,60	1,46	1,43	2,05	1,67	1,34	1,40
18 —	1,64	1,47	1,49	2,16	1,73	1,39	1,30
25 —	1,68	1,52	1,57	2,16	1,80	1,52	1,30
1er juin......	1,72	1,54	1,50	2,23	1,80	1,41	1,30
8 —	1,68	1,50	1,46	2,07	1,78	1,41	1,30
15 —	1,65	1,50	1,52	2,14	1,78	1,40	1,40
22 —	1,65	1,50	1,47	2,00	1,83	1,45	1,30
29 —	1,60	1,47	1,45	1,90	1,78	1,41	1,40
6 juillet.....	1,65	1,48	1,51	1,03	1,75	1,45	1,30
13 —	1,67	1,49	1,47	1,78	1,75	1,52	1,25
20 —	1,67	1,49	1,42	1,80	1,90	1,47	1,30
27 —	1,60	1,45	1,42	1,80	1,90	1,45	1,30
3 août.......	1,64	1,48	1,39	1,72	1,88	1,57	1,30
10 —	1,68	1,49	1,40	1,84	1,78	1,52	1,30
17 —	1,65	1,47	1,42	1,80	1,88	1,58	1,22
24 —	1,69	1,49	1,47	1,90	1,88	1,63	1,22
31 —	1,65	1,45	1,41	1,70	1,81	1,54	1,15
7 septembre.	1,60	1,41	1,38	2,00	1,76	1,60	1,30
14 —	1,68	1,50	1,49	2,00	1,80	1,57	1,35
21 —	1,57	1,48	1,42	1,97	1,82	1,52	1,30
28 —	1,66	1,36	1,48	1,85	1,86	1,51	1,20
5 octobre....	1,60	1,40	1,36	1,89	1,73	1,43	1,20
12 —	1,64	1,48	1,43	1,90	1,63	1,40	1,20
19 —	1,64	1,44	1,35	2,02	1,64	1,37	1,15
26 —	1,60	1,42	1,35	1,75	1,63	1,30	1,18
2 novembre..	1,64	1,46	1,33	1,95	1,69	1,24	1,16
9 —	1,60	1,42	1,36	1,77	1,66	1,40	1,20
16 —	1,60	1,40	1,32	1,70	1,60	1,22	1,12
23 —	1,65	1,47	1,35	1,85	1,61	1,32	1,10
30 —	1,69	1,50	1,50	1,75	1,66	1,21	1,05
7 décembre..	1,72	1,38	1,47	1,93	1,75	1,34	1,05
14 —	1,68	1,48	1,33	1,87	1,76	1,20	1,05
21 —	1,69	1,50	1,36	1,85	1,70	1,39	1,05
28 —	1,70	1,52	1,38	2,00	1,82	1,35	» »
PRIX MOYEN...	1,64	1,46	1,42	1,93	1,81	1,43	1,27

1879	BŒUF	VACHE	TAUREAU	VEAU	MOUTON	PORC GRAS	PORC MAIGRE
	fr.	fr.	fr.	fr.	fr.	fr.	fr.
4 janvier....	1,62	1,46	1,30	1,92	1,73	1,30	1,05
11 —	1,59	1,44	1,30	2,10	1,79	1,18	1,05
18 —	1,63	1,47	1,35	1,98	1,87	1,45	1,10
25 —	1,58	1,43	1,45	2,05	1,80	1,20	1,05
1er février...	1,57	1,43	1,50	2,12	1,80	1,15	» »
8 —	1,55	1,39	1,35	2,03	1,80	1,30	1,15
15 —	1,55	1,39	1,33	2,03	1,80	1,10	1,05
22 —	1,57	1,39	1,35	2,15	1,83	1,35	1,05
1er mars.....	1,64	1,48	1,45	2,03	1,93	1,38	1,05
8 —	1,62	1,39	1,30	2,05	2,06	1,38	1,05
15 —	1,55	1,32	1,38	1,88	1,93	1,26	1,05
22 —	1,68	1,35	1,40	2,05	1,88	1,32	1,05
29 —	1,58	1,38	1,40	2,01	1,93	1,28	1,05
5 avril.......	1,65	1,41	1,51	1,96	1,86	1,30	1,10
12 —	1,64	1,47	1,46	2,05	1,80	1,35	1,05
19 —	1,64	1,44	1,38	2,09	1,77	1,35	1,05
26 —	1,63	1,44	1,34	1,98	1,80	1,42	1,05
3 mai.......	1,61	1,44	1,36	1,93	1,75	1,35	1,05
10 —	1,64	1,46	1,48	2,00	1,69	1,41	1,10
17 —	1,64	1,42	1,40	2,05	1,65	1,49	1,10
24 —	1,69	1,47	1,35	2,05	1,61	1,46	1,05
31 —	1,68	1,45	1,35	1,98	1,68	1,38	1,05
7 juin.......	1,70	1,48	1,45	1,90	1,79	1,45	1,05
14 —	1,63	1,43	1,30	1,75	1,62	1,43	1,10
21 —	1,65	1,43	1,30	1,90	1,72	1,47	1,10
28 —	1,64	1,41	1,32	1,78	1,69	1,43	1,10
5 juillet.....	1,61	1,39	1,31	1,80	1,76	1,46	1,30
12 —	1,61	1,47	1,38	1,76	1,73	1,53	1,25
19 —	1,59	1,46	1,36	1,68	1,71	1,55	1,25
26 —	1,58	1,44	1,45	1,70	1,70	1,45	1,20
2 août.......	1,54	1,32	1,29	1,54	1,67	1,53	1,20
9 —	1,55	1,34	1,26	1,70	1,67	1,59	1,10
16 —	1,55	1,45	1,38	1,69	1,75	1,52	1,20
23 —	1,54	1,34	1,38	1,70	1,70	1,52	1,20
30 —	1,55	1,38	1,30	1,68	1,83	1,50	1,20
6 septembre.	1,55	1,32	1,30	1,68	1,80	1,45	1,10
13 —	1,56	1,33	1,23	1,60	•1,72	1,55	1,05
20 —	1,53	1,32	1,27	1,60	1,68	1,57	1,05
27 —	1,51	1,28	1,13	1,75	1,64	1,39	1,15
4 octobre....	1,48	1,32	1,18	1,65	1,64	1,43	1,05
11 —	1,40	1,30	1,30	1,56	1,53	1,28	1,15
18 —	1,45	1,29	1,27	1,63	1,57	1,32	1,05
25 —	1,42	1,25	1,19	1,63	1,58	1,38	1,15
1er novembre.	1,45	1,26	1,19	1,70	1,53	1,30	1,05
8 —	1,50	1,28	1,21	1,71	1,63	1,28	1,05
15 —	1,35	1,21	1,08	1,54	1,48	1,25	1,05
22 —	1,36	1,23	1,13	1,68	1,47	1,30	1,05
29 —	1,29	1,18	1,12	1,64	1,37	1,26	» 90
6 décembre..	1,42	1,21	1,13	1,65	1,52	1,30	1,05
13 —	1,48	1,31	1,35	2,00	1,64	1,57	1,10
20 —	1,44	1,30	1,22	1,65	1,48	1,25	» »
27 —	1,45	1,28	1,33	1,80	1,56	1,25	1,05
PRIX MOYEN...	1,56	1,37	1,32	1,84	1,71	1,38	1,09

1880	BŒUF	VACHE	TAUREAU	VEAU	MOUTON	PORC GRAS	PORC MAIGRE
	fr.	fr.	fr.	fr.	fr.	fr.	fr.
3 janvier....	1,45	1,30	1,25	1,75	1,46	1,40	» »
10 —	1,49	1,33	1,27	1,88	1,51	1,40	1,05
17 —	1,35	1,29	1,27	1,74	1,53	1,33	1,10
24 —	1,43	1,24	1,20	1,78	1,51	1,36	1,10
31 —	1,40	1,27	1,25	1,73	1,51	1,40	1,10

Il est utile de faire remarquer que ces derniers tableaux ne s'appliquent qu'au marché de la Villette, tandis que les précédents se rapportent à la France toute entière.

CHAPITRE X

De l'importation et de l'exportation du bétail et de la viande.

Les arrivages du bétail étranger en France ont pris une importance croissante au fur et à mesure que les prix de la viande se sont élevés.

Nous donnons le tableau des chiffres officiels des importations et des exportations pour chacune des cinq années qui ont été considérées dans le chapitre précédent en ce qui concerne la production de la viande :

Année 1856.

	IMPORTATIONS.	EXPORTATIONS.	EXCÉDANT des importations.
	Têtes.	Têtes.	Têtes.
Bœufs.	35,160	10,408	24,752
Taureaux.	2,718	284	2,434
Vaches.	66.171	8,333	57,838
Taurillons, bouvillons et génisses	8,874	1,766	7,108
Veaux.	30,725	5,236	25,489
Moutons et brebis. . . .	327,305	50,577	276,728
Agneaux.	5,967	2,613	3,354
Porcs.	121,949	43,698	78,251
	Kilog.	Kilog.	Kilog.
Viandes fraîches. . . .	263,600	180,300	62,300
Viandes salées et lard. .	6,928,100	3,441,700	3,486,400

Année 1862.

	IMPORTATIONS.	EXPORTATIONS.	EXCÉDANT des importations.
	Têtes.	Têtes.	Têtes.
Bœufs.	42,230	13,724	28,506
Taureaux.	2,533	223	2,310
Vaches.	65,315	16,817	48,498
Taurillons, bouvillons et génisses.	7,539	3,441	4,098
Veaux.	43,203	7,452	35,751
Moutons et brebis. . . .	542,389	48,525	493,864
Agneaux.	8,324	916	7,408
Porcs.	204,824	44,245	160,579
	Kilog.	Kilog.	Kilog.
Viandes fraîches. . . .	879,000	108.800	770,200
Viandes salées et lard. .	7,391,000	3,477,000	3,914,000

Année 1867.

	IMPORTATIONS.	EXPORTATIONS.	EXCÉDANT des importations.
	Têtes.	Têtes.	Têtes.
Bœufs.	106,027	35,833	70,194
Taureaux.	1,696	495	1,201

	IMPORTATIONS.	EXPORTATIONS.	EXCÉDANT des importations.
	Têtes.	Têtes.	Têtes.
Vaches.	69,337	11,140	58,197
Taurillons, bouvillons, gé-nisses.	10,395	1,067	9,328
Veaux.	33,716	9,622	24,094
Moutons et brebis. . . .	1,054,322	70,548	983,774
Agneaux.	10,710	1,335	9,375
Porcs.	186,121	73,056	113,065
	Kilog.	Kilog.	Kilog.
Viandes fraiches.	1,746,300	245,200	1,501,100
Viandes salées et lard. .	3,682,200	4,797,500	»

Cette année il y a eu un excédant d'exportation pour la viande salée de 884,700 kilog.

Année 1872.

	IMPORTATIONS.	EXPORTATIONS.	EXCÉDANT des importations.
	Têtes.	Têtes.	Têtes.
Bœufs.	75,342	10,548	64,794
Taureaux.	694	209	485
Vaches.	65,536	13,766	51,770
Taurillons, bouvillons, gé-nisses.	14,686	983	13,703
Veaux.	39,015	7,552	31,363
Moutons et brebis. . . .	1,740,046	58,977	1,681,069
Agneaux.	9,614	1,704	7,910
Porcs.	273,313	92,391	180,922
	Kilog.	Kilog.	Kilog.
Viandes fraiches.	1,471,400	482,100	989,300
Viandes salées et lard. .	20,721,600	10,815,800	9,905,800

Année 1877.

	IMPORTATIONS.	EXPORTATIONS.	EXCÉDANT des importations.
	Têtes.	Têtes.	Têtes.
Bœufs.	104,994	29,865	73,129
Taureaux.	1,431	1,057	374

	IMPORTATIONS.	EXPORTATIONS.	EXCÉDANT des importations.
	Têtes.	Têtes.	Têtes.
Vaches.	75,533	28,655	46,878
Taurillons, bouvillons, gé-nisses.	12,470	2,664	9,806
Veaux.	48,371	14,264	34,107
Moutons et brebis. . . .	1,519,031	57,698	1,461,333
Agneaux.	4,684	1,236	3,448
Porcs.	233,116	83,300	149,816
	Kilog.	Kilog.	Kilog.
Viandes fraîches.	5,278,600	1,018,300	4,260,300
Viandes salées et lard. .	16.693,300	2,529,600	14,163,700

Depuis 1856, le nombre des bœufs venus de l'étranger et restés en France a triplé à peu près ; le nombre de vaches a un peu diminué ; celui des veaux est moitié en plus ; le nombre des moutons a quintuplé ; celui des porcs a à peu près doublé. La quantité de viandes fraîches est vingt fois plus considérable qu'avant 1861 ; celle des viandes salées n'a fait que tripler.

Afin qu'on se rende compte de l'importance réciproque des envois des divers pays, on placera, ici, d'après la dernière publication de l'administration des douanes, les détails des importations pour les trois dernières années 1877, 1878 et 1879. (Commerce spécial.)

PROVENANCE.	BŒUFS.		
	1877	1878	1879
	Têtes.	Têtes.	Têtes.
Belgique.	3,856	5,712	6,532
Allemagne.	1,483	1,119	2,235
Italie.	66,668	72,661	55,299
Suisse.	436	732	274
Algérie.	29,414	45,250	33,967
Autres pays.	3,137	9,264	8,823
Totaux.	104,994	134,738	107,130

PROVENANCE.	VACHES.		
	1877	1878	1879
	Têtes.	Têtes.	Têtes.
Belgique.	24,002	38,329	35,035
Allemagne.	4,097	4,676	5,224
Italie.	40,994	41,680	29,049
Suisse.	4,049	4,721	6,131
Autres pays.	2,481	8,013	4,258
Totaux.	75,533	97,419	79,717

PROVENANCE.	VEAUX.		
	1877	1878	1879
	Têtes.	Têtes.	Têtes.
Belgique.	20,066	23,373	24,843
Allemagne.	4,427	3,585	3,832
Italie.	17,630	15,384	14,414
Suisse. . . . . . . , . .	3,522	7,866	6,203
Autres pays.	2,726	4,279	2,109
Totaux.	48,371	54,487	51,401

PROVENANCE.	BÉLIERS, BREBIS ET MOUTONS.		
	1877	1878	1879
	Têtes.	Têtes.	Têtes.
Allemagne.	692,954	1,135,275	701,881
Italie.	224,717	246,086	242,320
Suisse.	66,053	6,183	9,852
Algérie.	335,835	661,518	669,439
Autres pays.	199,472	294,226	399,292
Totaux.	1,519,031	2,343,288	2,022,784

PROVENANCE.	PORCS.		
	1877	1878	1879
	Têtes.	Têtes.	Têtes.
Belgique.	57,806	65,549	66,743
Allemagne.	15,983	16,200	40,552
Italie.	66,366	41,544	35,742
Suisse. . . . . . . , . .	964	1,264	1,185
Autres pays.	5,175	5,506	2,676
Totaux.	146,294	130,063	146,898

Les divers animaux vivants pour lesquels la publication de l'administration des douanes n'indique pas les provenances, donnent les nombres suivants :

	1877	1878	1879
	Têtes.	Têtes.	Têtes.
Taureaux.	1,431	2,583	2,543
Bouvillons et taurillons .	6,873	8,434	5,864
Génisses.	5,597	8,131	6,750
Cochons de lait.	86,822	73,952	58,582
	Fr.	Fr.	Fr.
Gibier , volaille et tortues.	4,485,712	4,379,262	5,259,039

Les viandes fraîches de boucherie ont présenté le mouvement suivant :

PROVENANCE.	1877	1878	1879
	Kilog.	Kilog.	Kilog.
Belgique.	1,164,551	1,278,037	1,494,200
Allemagne.	334,049	803,103	410,700
Suisse.	691,363	1,662,896	2,011,700
Autres pays.	3,088,623	1,495,429	1,966,200
Totaux.	5,278,586	5,239,465	5,882,800

Les viandes salées de porc, lard compris, ont offert le mouvement suivant :

PROVENANCE.	1877	1878	1879
	Kilog.	Kilog.	Kilog.
Angleterre.	1,889.905	1,454,884	1,088,400
Belgique.	741,735	1,006,174	1,346,200
Allemagne.	994,234	921,167	1,038,900
Italie.	252,632	230,755	309,400
États-Unis.	12,462,078	20,102,290	31,756,200
Autres pays.	84,138	77,508	91,200
Totaux.	16,424,722	31,792,778	35,630,300

Les viandes salées autres que du porc ont donné des importations de tous pays :

1877	1878	1879
Kilog.	Kilog.	Kilog.
268,627	830,106	529,500

Quant aux viandes fraîches de gibier, volaille et tortues, elles ont fourni à l'importation :

PROVENANCES.	1877	1878	1879
	Kilog.	Kilog.	Kilog.
Allemagne........	631,824	1,105,585	998,200
Italie...........	1,398,421	1,115,596	1,420,700
Autres pays.......	526,963	678,661	1,067,300
Totaux.....	2,557,208	2,899,842	3,486,200

Comme contre-partie, il convient de placer, ici, les exportations, par pays de destination, pour les trois mêmes dernières années.

DESTINATIONS.	BŒUFS.		
—	1877	1878	1879
	Têtes.	Têtes.	Têtes.
Angleterre........	8,898	6,126	5,288
Belgique.........	7,100	4,781	4,894
Suisse...........	6,791	5,592	5,033
Autres pays.......	7,076	5,772	1,784
Totaux.....	29,865	22,271	16,999

	VACHES.		
	1877	1878	1879
	Têtes.	Têtes.	Têtes.
Angleterre........	299	296	225
Belgique........	9,224	4,882	3,878
Suisse..........	6,634	5,336	3,772
Autres pays.......	12,498	10,955	5,835
Totaux.....	28,655	21,419	13,660

	BÉLIERS, BREBIS ET MOUTONS.		
	1877	1878	1879
	Têtes.	Têtes.	Têtes.
Angleterre........	15,698	12,685	11,620
Belgique.........	14,996	9,290	3,160
Espagne.........	12,356	3,721	5,526
Autres pays.......	14,648	12,816	11,718
Totaux.....	57,698	38,512	32,004

PORCS.

	1877	1878	1879
	Têtes.	Têtes.	Têtes.
Angleterre	7,223	6,069	2,841
Belgique.	7,722	4,324	4,309
Espagne.	4,362	3,513	19,740
Suisse.	25,754	23,862	23,318
Autres pays.	19,688	16,681	12,356
Totaux.	64,749	54,449	62,564

GIBIER, VOLAILLE ET TORTUES.

	1877	1878	1879
	Fr.	Fr.	Fr.
Angleterre.	598,285	669,133	796,808
Espagne.	1,940,779	2,062,952	2,473,325
Suisse. . . . , ...	809,813	616,183	559 117
Autres pays.	212,737	156,278	171,192
Totaux.	3,561,614	3,504,546	4,003,442

Les exportations des autres animaux vivants pour lesquels les destinations ne sont pas indiquées par la publication de l'administration des douanes, offrent le mouvement suivant :

ANIMAUX	1877	1878	1879
	Têtes.	Têtes.	Têtes.
Taureaux..	1,057	910	464
Bouvillons et taurillons..	386	234	386
Génisses.	2,278	2,056	1,817
Veaux.	14,264	11,924	9,229
Cochons de lait	18,561	27,656	24,751

Nous ajouterons enfin les nombres relatifs aux exportations des viandes ; nous avons trouvé :

	1877	1878	1879
	Kilog.	Kilog.	Kilog.
Viandes fraiches et de boucherie pour tous pays.	1,018,568	818,568	584,026
Viandes salées autres que du porc.	726,522	588,977	644,925

DESTINATIONS.	GIBIER, VOLAILLE ET TORTUES.		
	1877	1878	1879
	Kilog.	Kilog.	Kilog.
Angleterre.	1,574,341	1,629,463	1,854,957
Suisse.	375,752	387,243	467,901
Autres pays	562,316	546,395	601,163
Totaux.. . . .	2,512,409	2,563,101	2,904,021

DESTINATIONS.	VIANDES SALÉES DE PORC.		
	1877	1878	1879
	Kilog.	Kilog.	Kilog.
Angleterre.	113,114	122,530	141,754
Belgique.	40,073	38,372	65,568
Algérie	313,162	173,310	212,901
Autres pays.	1,336,704	1,232,084	1,232,533
Totaux.	1,803,053	1,566,296	1,652,756

Nos exportations d'animaux de boucherie indigène ont subi une diminution notable depuis trois ans. Les importations d'animaux étrangers sont moindres en 1879 qu'en 1878.

CHAPITRE XI

Consommation de la viande en France.

On a vu, dans le chapitre qui précède, la quantité de viande fournie à la consommation générale par l'agricul- culture française, et, d'après ce chapitre, on peut calculer la quantité importée et la quantité exportée. Il résulte de là le tableau suivant :

ANNÉES.	Quantité totale de viande fournie tant à la France qu'à l'étranger par l'agriculture française.	Quantité de viande fournie à l'étranger par l'agriculture française. (Exportations).	Quantité de viande fournie à la consommation intérieure par l'agriculture française.
	kilog.	kilog.	kilog.
1856. . .	835,116,500	13,712,800	821,403,700
1862. . .	1,043,258,200	18,066,400	1.025,191,800
1867. . .	1,053,255,300	26,711,300	1,026,544,000
1872. . .	1.001,952,000	27,488,400	974,463,600
1877. . .	1,200,210,500	28,675,200	1,171,535,300

A chacune de ces périodes la consommation par tête a été ainsi calculée :

13

ANNÉES.	CONSOMMATION MOYENNE par habitant et par an		POPULATION	
	dans les villes de 10,000 âmes et les chefs-lieux (1).	Dans les autres communes (2).	urbaine (10,000 âmes et chefs-lieux) (3).	rurale (4).
	kilog.	kilog.	habitants.	habitants.
1856. . . .	54.600	17.800	6,277,343	29,762,021
1862. . . .	60.136	20.960	7,878,329	29,507,832
1867. . . .	61.215	21.110	8,341,481	29,725,613
1872. . . .	61.450	21.420	8,263,637	27,839,284
1877. . . .	66.750	25.920	8,828,647	28,077,141

Si l'on multiplie les nombres de la colonne (3) par ceux de la colonne (1), et ceux de la colonne (4) par ceux de la colonne (2), et qu'on additionne en outre les produits deux à deux, on obtiendra la consommation totale urbaine, celle totale rurale et enfin la consommation de la France entière. Or, d'un autre côté, on a vu la production de notre agriculture; en prenant de simples différences, on trouvera le contingent que doit fournir le commerce extérieur. Voici les résultats de ces calculs :

ANNÉES	Consommation totale urbaine.	Consommation totale rurale.	Consommation totale de la France.	Excédant de la consommation sur la production, ou contingent du commerce extérieur.
	kilog.	kilog.	kilog.	kilog.
1856. . . .	342,742,928	529,763,974	872,506,902	51,103,202
1862. . . .	473,803,193	618,484,159	1,092,287,352	67,095,552
1867. . . .	510,623,759	627,507,690	1,138,131,449	111,587,449
1872. . . .	507,800,494	596,317,463	1,104,117,957	129,654,357
1877. . . .	589,312,187	727,759,495	1,317,071,682	145,536,382

Or, en calculant, d'après les importations de chaque espèce d'animaux, les quantités ainsi livrées par le commerce à la consommation, on trouve :

ANNÉES.	Quantités de viandes livrées à la consommation intérieure par le commerce d'importation.
	kilog.
1856.	51,071,300
1862.	67,077,900
1867.	90,807,600
1872.	110.645,100
1877.	125,559,600

Et ces nombres ne diffèrent de ceux de la dernière colonne du tableau précédent que de quantités très-faibles. Il est donc bien établi que la consommation de la viande n'aurait pu prendre l'accroissement constaté sans l'appoint de plus en plus considérable de l'importation. La production de l'agriculture n'eût pas donné satisfaction aux besoins de la France.

CHAPITRE XII

Importations et exportations du beurre, des fromages, du lait et des œufs.

Le commerce du beurre, des fromages et des œufs, avec l'étranger, a pris une importance qu'il est nécessaire d'apprécier, à l'aide de chiffres puisés dans les documents officiels et en remontant à une époque ancienne.

Les renseignements qui suivent sont empruntés aux tableaux de la douane pour les périodes décennales 1847-1856, 1857-1866, 1867-1876 ; ils sont complétés par ceux que donnent les tableaux annuels de 1877, 1878 et 1879.

Voici d'abord les importations des beurres étrangers en France :

ANNÉES.	BEURRE FRAIS ou fondu.	BEURRE SALÉ.	BEURRE IMPORTÉ en totalité.
	Kilog.	Kilog.	Kilog.
1847. . .	734,130	852,995	1,587,125
1848. . .	498,362	687,599	1,185,961
1849. . .	560,859	925,267	1,486,126
1850. . .	589,591	995,275	1,584,866
1851. . .	535,721	982,684	1,518,395
1852. . .	494,500	1,142,257	1,636,757
1853. . .	581,851	1,145,380	1,727,231
1854. . .	621,034	701,083	1,322,117
1855. . .	586,059	863,403	1,449,462
1856. . .	678,208	753,629	1,431,837
1857. . .	633,108	886,163	1,519,271
1858. . .	595,109	922,524	1,517,633
1859. . .	621,174	1,034,414	1,655,588
1860. . .	711,546	1,069,504	1,781,050
1861. . .	1,294,424	650,077	1,944,501
1862. . .	2,089,201	59,748	2,148,949
1863. . .	2,033,154	66,129	2,099,283
1864. .	2,019,577	42,402	2,061,979
1865. . .	2,188,719	47,051	2,235,770
1866. . .	2,802,874	46,614	2,849,488
1867. . .	3,633,032	44,788	3,677,820
1868. . .	3,263,901	69,868	3.333,769
1869. . .	4,493,167	98,113	4,591,280
1870. . .	2,866,341	143,423	3,009,764
1871. . .	2,524,565	159,937	2,684,502
1872. . .	3,378,926	249,817	3,628,743
1873. . .	3,607,281	125,911	3,733,192
1874. . .	3,454,792	128,346	3,583,138
1875. . .	3,650,710	153,773	3,804,483
1876. . .	4,008,462	111,340	4,119,802
1877. . .	4,271,792	123,215	4,395,007
1878. . .	4,522,857	154,361	4,677,218
1879. . .	5,069,500	846,500	5,916,000

Les importations ont une marche constamment croissante.

Quant aux exportations, elles ont présenté le mouvement suivant :

ANNÉES.	BEURRE FRAIS ou fondu.	BEURRE SALÉ.	BEURRE EXPORTÉ total.	EXCÉDANT des exportations sur les importations.
	kilog.	kilog.	kilog.	kilog.
1847. . .	291,123	2,151,715	2,442,838	855,713
1848. . .	269,111	1,787,126	2,056,237	870,276
1849. . .	201,687	2,204,187	2,405,874	919,748
1850. . .	239,746	1,969,497	2,209,243	624,377
1851. . .	251,264	2,289,669	2,540,933	1,022,538
1852. . .	274,145	2,333,248	2,607,393	970,636
1853. . .	205,389	4,020,792	4,226,181	2,498,950
1854. . .	400,060	4,721,065	5,121,125	3,799,008
1855. . .	460,251	3,419,264	3,879,515	2,430,053
1856. . .	609,388	4,822,152	5,431,540	3,999,703
1857. .	745,584	5,622,824	6,368,408	4,849,137
1858. . .	957,519	6,370,041	7,327,560	5,809,927
1859. . .	858,066	7,407,544	8,265,610	6,610,022
1860. . .	1,008,405	10,818,374	11,826,779	10,045,729
1861. . .	1,125,770	10,095,041	11,220,811	9,276,310
1862. . .	1,038,118	10,321,153	11,359,271	9,210,322
1863. . .	1,323,563	10,621,338	11,944,901	9,845,618
1864. . .	1,717,491	13,225,284	14,942,775	12,880,796
1865. . .	1,846,249	18,023,963	19,870,212	17,674,442
1866. . .	1,853,988	22,918,497	24,772,485	21,922 997
1867. . .	2,012,513	22,124,200	24,136,713	20,458,893
1868. . .	2,160,199	22,627,241	24,787,440	21,453,671
1869. . .	1,974,367	24,818,738	26,793,105	22,201,825
1870. . .	1,981,847	17,205,749	19,187,596	16,177,832
1871. . .	2,038,163	18,167,774	20,205,937	17,521,435
1872. . .	2,899,669	21,045,949	23,945,618	20,316,875
1873. . .	3,375,381	28,040,290	31,415,671	27,682,479
1874. . .	4,448,878	32,384,316	36,833,194	33,250,056
1875. . .	5,443,717	30,246,692	35,690,409	31,885,926
1876. . .	5,738,226	33,827,567	39,565,793	35,445,991
1877. . .	6,509,697	31,198,919	37,708,616	33,313,609
1878. . .	6,371,545	27,086,773	33,458,318	28,781,100
1879. . .	4,777,295	22,965,786	27,743,081	21,827,081

Les exportations de nos beurres ont présenté, comme on le voit, un accroissement de plus en plus grand, et plus considérable que celui des importations. En conséquence, l'excédant des exportations sur les importations a pris un développement notable. S'il est vrai que, en 1878 et en 1879, les exportations ont subi une diminution, elles sont restées beaucoup plus fortes qu'avant 1861, et elles ont encore

été, en 1879, plus grandes qu'en 1868. Le maximum a été
atteint en 1876.

Les importations des fromages ont donné lieu au mouvement suivant :

ANNÉES.	Fromages de pâte molle.	Autres fromages.	Fromages importés en totalité.
	Kilog.	Kilog.	Kilog.
1847	370,495	4,404,117	4,774,612
1848.	325,981	3,588,041	3,914,022
1849.	335,635	4,500,147	4,835,782
1850.	355,860	3,984,452	4,340,312
1851.	321,477	4,228,478	4,549,955
1852.	418,430	4,940,242	5,358,672
1853.	268,371	4,905,884	5,174,255
1854.	258,829	4,066,735	4,325,564
1855.	208,378	3,855,442	4,063,820
1856.	194,288	4,222,893	4,417,181
1857.	206,306	5,104,141	5,310,447
1858.	182,930	3,937,830	4,120,760
1859.	286,040	5,302,520	5,588,560
1860.	307,381	4,846,020	5,153,401
1861.	326,795	4,875,058	5,201,853
1862.	317,665	4,844,479	5,162,144
1863.	281,677	4,776,202	5,057,879
1864.	254,037	5,104,462	5,358,499
1865.	328,260	6,818,188	7,146,448
1866.	491,469	7,155,340	7,646,809
1867.	664,832	9,626,951	10,291,783
1868.	594,735	8,700,492	9,295,227
1869.	906,420	10,140,179	11,046,599
1870.	725,547	10,050,130	10,775,677
1871.	1,009,035	13,660,407	14,669,442
1872.	1,116,614	10,055,683	11,172,297
1873.	879,400	10,383,212	11,262,612
1874.	593,261	9,337,363	9,930,624
1875.	864,963	9,446,098	10,311,061
1876.	1,252,295	12,100,886	13,353,181
1877.	1,245,778	10,143,804	11,389,582
1878.	1,379,809	11,852,399	13,232,208
1879.	1,775,400	13,709,700	15,485,100

Il y a eu, comme on le voit, une marche ascendante
dans le mouvement des importations des fromages étrangers; toutefois le chiffre de 1879 avait déjà été presque
atteint en 1871.

En ce qui concerne les exportations, les états de la douane confondent toutes les espèces; en voici le tableau. Il y a excédant des importations sur les exportations, en ce qui concerne les quantités dont nous nous occupons ici :

ANNÉES.	FROMAGES EXPORTÉS.	EXCÉDANT DES IMPORTATIONS sur les exportations.
	Kilog.	Kilog.
1847.. . .	770,081	4,004,531
1848.. . .	709,701	3,204,321
1849.. . .	734,114	4,101,668
1850.. . .	846,434	3,493,878
1851.. . .	1,027,761	3,522,194
1852.. . .	1,098,676	4,259,996
1853.. . .	1,014,174	4,160,081
1854.. . .	1,030,154	3,295,410
1855.. . .	1,534,877	2,528,943
1856.. . .	1,096,262	3,310,919
1857.. . .	1,244,275	4,066,172
1858.. . .	1,276,010	2,844,750
1859.. . .	1,188,991	4,399,569
1860.. . .	1,568,978	3,584,423
1861.. . .	1,858,618	3,343,235
1862.. . .	1,660,575	3,501,569
1863.. . .	1,842,793	3,215,086
1864.. . .	1,384,178	3,474,321
1865.. . .	2,057,614	5,088,834
1866.. . .	2,331,283	5,315,526
1867.. . .	2,310,196	7,981,587
1868.. . .	2,366,154	6,929,073
1869.. . .	2,343,977	8,702,622
1870.. . .	2,121,138	8,654,539
1871.. . .	2,658,268	12,011,174
1872.. . .	3,048,262	8,124,035
1873.. . .	3,135,262	8,127,350
1874.. . .	3,815,206	6,115,418
1875.. . .	3,927,378	6,383,683
1876.. . .	3,515,310	9,837,871
1877.. . .	3,862,826	7,526,756
1878.. . .	4,307,714	8,924,494
1879.. . .	2,865,422	12,619,678

Les exportations de nos fromages, après avoir subi une augmentation notable jusqu'en 1878, sont retombées, en 1879, au chiffre moyen des années 1871-1872.

Le lait ne donne pas lieu à un mouvement commercial international considérable; il ne figure dans les tableaux de la douane que pour les importations ; nous n'en exportons donc pas des quantités notables. Voici les chiffres des importations :

ANNÉES.	LAIT IMPORTÉ.
	Kilog.
1847.	15,419
1848.	12,900
1849.	12,342
1850.	12,474
1851.	12,412
1852.	12,513
1853.	12,677
1854.	12,381
1855.	1,880
1856.	»
1857.	74
1858.	2,061
1859.	71
1860.	174
1861.	31,091
1862.	71,384
1863.	75
1864.	5,079
1865.	14,022
1866.	55,745·
1867.	»
1868.	»
1869.	»
1870.	32,627
1871.	62,014
1872.	3,093,437
1873.	2,611,991
1874.	3,418,129
1875.	3,473,667
1876.	3,234,023
1877.	3,405,679
1878.	3,692,016
1879.	4,048,000

On voit que les importations du lait étranger n'ont pris une réelle importance que depuis 1872; la plus grande partie du lait introduit en France, plus des trois quarts, provient de Belgique.

Les œufs donnent lieu à un commerce international beaucoup plus considérable ; il est résumé dans le tableau suivant tant pour l'importation que pour l'exportation :

ANNÉES.	ŒUFS IMPORTÉS.	ŒUFS EXPORTÉS.	EXCÉDANT des exportations sur les importations.
	Kilog.	Kilog.	Kilog.
1847. . .	856,645	5,282,960	4,426,315
1848. . .	869.174	6,097,959	5,228,785
1849. . .	991,109	6,936,246	5,945,137
1850. . .	1,048,136	7,492,296	6,444,160
1851. . .	1.112,678	8,331,944	7,219,266
1852. . .	1,260,777	7,844,139	6,583,362
1853. . .	1,223,630	8,522,849	7,299,219
1854. . .	1,086,455	8,005,261	6,918,806
1855. . .	1,180,546	7,614,655	6,434,109
1856. . .	1,341,500	9,005,758	7,664,258
1857. . .	2,112,773	9,753,922	7,641,149
1858. . .	2,371,808	10,418,013	8,046,205
1859. . .	2,225,323	11,339,784	9,114,461
1860. . .	2,597,894	12,966,019	10,368,125
1861. . .	2,081,964	13,218,309	11,136,345
1862. . .	2,518,808	14,086,633	11,567,825
1863. . .	2,828,215	18,626,029	15,797,814
1864. . .	3,201,164	22,379,397	19,178,233
1865. . .	3,499 198	30,120,252	26,621,054 .
1866. . .	3,713,364	33,868,635	30,155,271
1867. . .	3,774,181	33,706.187	29,932,006
1868. . .	4.339,452	28,747,506	24,408,054
1869. . .	4,688,435	29,093,802	24,405,367
1870. . .	4,841,006	24,968,623	20,127,617
1871. . .	4,670,991	20,157,855	15,486,864
1872. . .	5,019,883	22,673,298	17,653,415
1873. . .	5,443,361	25,472,152	20,028,791
1874. . .	5,437,180	29,089,894	23,652,714
1875. . .	5,044,934	34,416,813	29,371,879
1876. . .	5,545,848	32,721,815	27,175,967
1877. . .	6,066,860	27,122,035	21,055,175
1878. . .	6,307,389	26,393.935	20,086,546
1879. . .	7,481,900	23,714,026	16,232,126

Pour conclure des chiffres du tableau précédent aux nombres d'œufs importés et exportés, on peut admettre qu'en moyenne on doit compter vingt œufs par kilogramme.

L'importation des œufs étrangers a été constamment en
angmentant depuis trente-trois ans, mais elle reste toujours
très-inférieure à l'exportation des œufs produits dans nos
fermes. Cette exportation a cru rapidement à partir de 1857 ;
elle a atteint deux maxima à peu près égaux en 1866
et en 1875 ; elle éprouve des oscillations assez fortes d'une
année à l'autre ; elle est tombée, en 1879, aux chiffres
de 1872, qui sont encore doubles de ceux de 1861.

En ce qui concerne les produits animaux, on se trouve
maintenant dans une période de baisse pour les exportations ; mais on reste, néanmoins, dans une situation bien
supérieure à celle qui a précédé et même suivi l'année 1861.
Les faits n'autorisent pas à supposer que la décroissance
doive nécessairement continuer ; car dans le passé, il y
a des oscillations de diminution et d'augmentation plus
fortes encore que l'abaissement constaté en 1877-1879.

Il ne suffit pas de pouvoir comparer les quantités importées ou exportées, il faut encore avoir la succession des
prix.

Voici, pour les beurres, les prix donnés par les publications de l'administration des douanes, d'après les valeurs fixées, chaque année, par la Commission spéciale
instituée au Ministère de l'agriculture et du commerce.

ANNÉES.	Prix du kilog. du beurre frais ou fondu importé.	Prix du kilog. du beurre salé importé.	Prix du kilog. du beurre frais ou fondu exporté.	Prix du kilog. du beurre salé exporté.
	fr.	fr.	fr.	fr.
1847	1,60	1,30	1,75	1,40
1848	1,50	1,30	1.60	1,40
1849	1,50	1,30	1,60	1,40
1850	1,50	1,30	1,65	1,40
1851	1.50	1,30	1.65	1,40
1852	1,52	1,30	1,69	1,40
1853	1,63	1,40	1.80	1,45
1854	2,45	1,65	2,02	1,65
1855	2,50	2,30	2,54	2,35
1856	2,50	2,35	2,65	2,40
1857	2,35	2,00	2,27	2,50
1858	2,45	2,10	2,50	2,30
1859	2,90	2,50	3,05	2,60

ANNÉES.	Prix du kilog. du beurre frais ou fondu importé.	Prix du kilog. du beurre salé importé.	Prix du kilog. du beurre frais ou fondu exporté.	Prix du kilog. du beurre salé exporté.
	fr.	fr.	fr.	fr.
1860	2,90	2,50	3,18	2,60
1861	3,00	2,55	3,25	2,70
1862	2,75	3,35	3.05	2,50
1863	2,90	2,45	3,20	2,60
1864	3,00	2,55	3,30	2,70
1865	3,30	2,65	3,50	2,80
1866	3,00	2,71	3,65	2,60
1867	3,20	2,40	3,20	2,45
1868	3,30	2,47	3,30	2,50
1869	3,45	2,50	3,45	2,60
1870	3,20	2,65	3,20	2.45
1871	3,20	2,50	3,00	2,15
1872	3,25	2,50	3,05	2,25
1873	3,20	2,55	3,20	2,35
1874	3,00	2,40	3,00	2,20
1875	3,15	2,50	3,15	2,30
1876	3,20	2,50	3,20	2,50
1877	3,10	2,40	3,10	2,45
1878	2,80	2 30	2,80	2,29
1879	2,95	2,30	2,95	2,30

Le prix du beurre a, en moyenne, augmenté de 80 pour 100 depuis 1847.

Les valeurs données, chaque année, pour les fromages importés et exportés sont les suivantes :

ANNÉES.	Prix du kilog. de fromages blancs de pâte molle importés.	Prix du kilog. de fromages autres importés.	Prix du kilog. de fromages exportés.
	fr.	fr.	fr.
1847	0,70	0,70	0,70
1848	0,70	0,90	0,80
1849	0,70	1,10	0,90
1850	0,70	1,10	0,90
1851	0,70	1,10	1,00
1852	0,73	1,12	1,05
1853	0,78	1,18	1,15
1854.	0,85	1,35	1,47
1855	0,97	1,60	1,80
1856.	1,10	1,70	1,90
1857.	0,95	1,40	1,80
1858.	0,90	1,35	1,81
1859.	1,05	1,65	2,00
1860.	1.00	1,60	2,00
1861.	1,10	1,75	2,20

ANNÉES.	Prix du kilog. de fromages blancs de pâte molle importés.	Prix du kilog. de fromages autres importés.	Prix du kilog. de fromages exportés.
	fr.	fr.	fr.
1862.	1,00	1,50	2,05
1863.	1,10	1,60	2,20
1864.	1,20	1,80	2,40
1865.	1,35	1,85	3,00
1866.	1,20	1,60	2,80
1867.	1,20	1,50	2,70
1868.	1,30	1,65	2,75
1869.	1,45	1,80	2,80
1870.	1,60	1,90	2,00
1871.	1,50	1,60	1,59
1872.	1,55	1,65	1,65
1873.	1,55	1,70	2,00
1874.	1,45	1,50	1,50
1875.	1,50	1,65	1,63
1876.	1,60	1,75	1,78
1877.	1,50	1,65	1,59
1878.	1,45	1,50	1,47
1879. . .	1,45	1,50	1,99

La valeur moyenne des fromages exportés a presque triplé depuis 1847.

Les prix attribués au kilogramme de lait sont les suivants :

ANNÉES.	Prix du kilog. de lait importé.	ANNÉES.	Prix du kilog. de lait importé.
	fr.		fr.
1847	0,30	1864	0,20
1848	0,30	1865	0,20
1849	0,30	1866	0,20
1850	0,30	1867	»
1851	0,30	1868	»
1852 . . . . . ,	0,30	1869	»
1853	0,18	1870	0,20
1854	0,25	1871	0,20
1855	0,25	1872	0,20
1856	»	1873	0,20
1857	0.25	1874	0,20
1858	0,25	1875	0,20
1859	0,25	1876	0,20
1860	0,25	1877	0,20
1861	0,25	1878	0,20
1862	0,20	1879	0,20
1863	0,20		

On voit que le prix du kilogramme de lait importé aurait diminué.

Enfin, les valeurs attribuées, chaque année, au kilogramme d'œufs, soit à vingt œufs, sont les suivantes :

ANNÉES.	Prix du kilog. d'œufs importés.	Prix du kilog. d'œufs exportés.
	fr.	fr.
1847	0,80	0,80
1848	0,70	0,80
1849	0,80	0,80
1850	0,80	0,80
1851	0,85	0,85
1852	0,85	0,85
1853	0,90	0,90
1854	0,98	0,98
1855	1,15	1,01
1856	1,20	1,25
1857	1,10	1,15
1858	1,05	1,09
1859	1,10	1,15
1860	1,20	1,25
1861	1,30	1,35
1862	1,20	1,25
1863	1,20	1.25
1864	1,20	1,25
1865	1,20	1,23
1866	1,10	1,15
1867	1,19	1 15
1868	1,20	1,20
1869	1,25	1,25
1870	1,25	1,25
1871	1,30	1,30
1872	1,30	1,35
1873	1,40	1,40
1874	1,30	1,30
1875	1,30	1,35
1876	1,40	1,40
1877	1,40	1,40
1878	1,35	1.35
1879	1,35	1,35

La valeur de l'œuf, en moyenne, est montée de 4 centimes à 7 centimes environ.

CHAPITRE XIII

Sur la taxe de la viande.

L'article 30 de la loi du 19-22 juillet 1791 a laissé facultatif, pour les municipalités, le droit de taxer le prix de la viande. Cette taxe n'est plus maintenant officiellement établie que dans environ quarante villes, parmi lesquelles une seule, Grenoble, possède une population assez considérable (39,500 habitants). On peut encore signaler comme ayant conservé la taxe : Agen et Marmande (Lot-et-Garonne), Lombez (Gers), Mont-de-Marsan, Saint-Jean et Tartres (Landes), Castelnaudary et Saissac (Aude). Les autres villes où les municipalités continuent à taxer régulièrement la viande ne sont que de simples chefs-lieux de canton sans grande importance.

En général, le droit de taxer la viande a été abandonné en raison des difficultés que présente une opération pour laquelle il faut, le plus souvent, avoir recours aux intéressés, seuls capables de classer les divers morceaux et d'indiquer les relations de leurs valeurs respectives. Aussi,

depuis l'époque où, en 1858, a paru le décret qui a rendu
la liberté au commerce de la boucherie parisienne, c'est-à-
dire qui a rendu accessible à tous le droit d'ouvrir des
étaux et d'exercer l'industrie de boucher en se conformant
aux règlements de police, le nombre des villes où la taxe de
la viande est en vigueur a continuellement décru, quoique
la taxation des prix et la faculté de débiter de la viande,
laissées à tous les commerçants, ne soient pas nécessairement
liées l'une à l'autre. Quoi qu'il en soit, il reste constant que
si les municipalités ne se servent pas du droit de fixer le
prix des diverses catégories de viande, c'est qu'elles ne
trouvent pas avantageux d'en faire usage. Dans certaines
localités, la taxe a été abandonnée, puis reprise; dans
d'autres, elle est purement nominale; ailleurs, elle
est établie pour une période de temps déterminé ou à
raison de circonstances données. Ces situations différentes
expliquent l'incertitude qui règne à tout moment sur le
chiffre exact des villes où la taxe est réellement usitée.

Dans plusieurs villes, notamment à Pau, on a fondé des
boucheries agricoles coopératives pour lutter contre les
exigences des bouchers (*voir un Rapport de M. Gayot*,
dans les *Mémoires de la Société* pour 1867, p. 81.)

CHAPITRE XIV

Sur les droits d'octroi de la viande et des produits agricoles divers.

Les droits généralement mis sur la viande dans les vil'es sujettes à octroi varient de 8 à 10 centimes par kilogramme ; il n'y a pas d'uniformité dans les tarifs. Le poids du bétail vivant est ramené au poids de la viande nette pour la perception du droit d'octroi, dans les localités où le droit pour un bœuf est supérieur à 5 francs par tête.

A Paris les droits d'octroi pour la viande et les produits animaux sont les suivants :

	UNITÉ sur laquelle portent les droits.	DROIT TOTAL perçu, décimes compris.
	—	—
		fr.
Bœuf.	tête	53
Vache.	—	35
Veau.	—	11
Mouton, bouc et chèvre.	—	4
Porc.	—	14
Agneau. cochon de lait.	les 100 kil.	18
Gibier.	—	75

	UNITÉ sur laquelle portent les droits.	DROIT TOTAL perçu, décimes compris.
Volailles.	les 100 kil.	9 fr. à 75 fr.
Viande de bœuf, vache, veau, mouton, bouc et chèvre, porc sortant des abattoirs de Paris.	—	fr. c. 9.73 5
Les mêmes viandes venant de l'extérieur.	—	fr. c. 11.60 5
Abats et issues de veau.	—	8.30 5
Saucisson, jambon, viande fumée, et toute charcuterie.	—	fr. c. 22.77
Abats et issues de porc.	—	4.18
Beurres de toute espèce.	—	14.40
Fromages secs.	—	11.40
Œufs.	—	4.20
Suifs de toutes espèces.	—	12.00

Les droits d'abatage sont fixés à **2 francs** par 100 kilog. pour les viandes de toutes sortes.

Dans les marchés à la vente en gros des halles, les droits d'abri sont les suivants :

		fr.
Viandes, par 100 kilog.		2.10
Beurres, œufs, fromages, par 100 kilog.		1.00
Volailles et gibier, par 100 kilog.		2.00

Au marché aux bestiaux de la Villette, les droits d'introduction sont fixés comme il suit :

		fr.
Taureaux, bœufs ou vaches, par tête.		3.00
Veaux ou porcs.	—	1.00
Moutons.	—	0.30

Pour compléter ces renseignements, nous ajouterons encore que les droits d'octroi pour Paris sont, décimes compris :

		fr.
Pour les foins, Sainfoins, Luzerne, par 100 kilog.		6.00
— la paille.	—	2.40
— les Raisins.	—	5.76
— l'Avoine.	—	1.50
— l'Orge.	—	1.92

Les droits d'abri sur les marchés à la vente en gros sont :

Pour les fruits et légumes, par 100 kilog. de 0 fr. 25 à 2 fr.

Il est utile de rapprocher du tarif de Paris des renseignements concernant des localités moins considérables.

Voici, comme exemple d'une assez grande ville, le tarif d'octroi de Limoges :

	fr.
Bœufs et taureaux.	5.00 par 100 kilog.
Vaches et génisses.	3.00 —
Veaux.	8.00 —
Brebis, boucs et chèvres.	2.00 —
Moutons.	5.00 —
Porc.	6.00 —

		fr.
Viandes abattues.	Bœuf, taureau, vache, génisse.	0.08 par kilog.
	Veau.	0.10 —
	Mouton, brebis, bouc, chèvre.	0.10 —
	Porc.	0.08 —
	Abats et issues.	0.03 —
	Viandes salées, jambons, graisse et lard.	0.07 —

	fr.
Cochons de lait, agneaux et chevreaux.	0.30 par tête.
Sangliers, chevreuils.	0.50 par kilog.
Lièvres.	0.30 par tête.
Faisans.	0.50 —
Perdrix, perdreaux, bécasses, canards et oies sauvages.	0.15 —
Cailles, cailleteaux, râles de genêts et d'eau, bécassines, poules d'eau, pluviers, vanneaux, macreuses, pigeons ramiers, pigeons et tourterelles.	0.05 —
Coqs, poules, chapons, poulets, canards, pintades, lapins domestiques et lapins de garenne.	0.10 —
Oies.	0.20 —
Dindons, dindes et dindonneaux	0.30 —
Saucisson, saucisses, charcuterie.	0.10 —

Dans le même département, la ville industrielle de Saint-Junien (arrondissement de Rochechouart) a établi les droits suivants :

	fr.
Bœufs, vaches, taureaux, génisses.	8.00 par tête.
Veaux.	4.00 —
Chevreaux et boucs.	0.45 —
Moutons.	1.00 —
Brebis.	0.75 —
Porcs et truies.	3.70 —

fr.

Graisse, lard, viande fraîche ou salée.	6.00 les 100 kilog.
Chevreaux et cochons de lait.	0.40 par tête.
Agneaux.	0.25 —
Chevreuils et sangliers.	3.00 —
Lièvres.	0.30 —
Perdrix, perdreaux, bécasses.	0.05 —
Canards, oies sauvages, faisans.	0.10 —
Cailles, cailleteaux, râles de genêts et d'eau, bécassines.	0.02 —
Poules d'eau, pluviers et vanneaux, macreuses et sarcelles.	0.05 —

Enfin, nous citerons encore le tarif d'octroi de la ville de Saint-Léonard (arrondissement de Limoges) :

fr.

Bœufs ou vaches.	8.00 par tête.
Taureaux et génisses.	5.00 —
Veaux et velles.	3.00 —
Cochons au-dessus de 100 kilog.	5.00 —
— de 50 à 100 kilog. .	3.60 —
— de 10 à 50 kilog. .	2.20 —
Cochons de lait.	0.20 —
Moutons et brebis.	0.90 —
Boucs et chèvres.	0.30 —
Chevreaux et agneaux.	0.15 —
Lièvres.	0.25 —
Bécasses et perdrix.	0.10 —
Viande fraîche dépecée de toute nature.	0.04 par kilog.
Viande salée et lard.	0.10 —
Graisse.	0.04 —

Ces exemples suffiront pour montrer l'extrême variabilité des droits qui ont été adoptés. La volaille, les œufs, le beurre et les fromages sont exempts dans beaucoup de localités.

CHAPITRE XV

Les consommations de Paris.

Il est important de connaître les changements qui se sont opérés dans les habitudes des populations durant les vingt dernières années. Rien n'est plus instructif, à cet égard, que de comparer les consommations de Paris avant 1860 et aujourd'hui.

Les données suivantes ont été fournies par la statistique municipale de la Ville de Paris à l'*Annuaire* du Bureau des longitudes, pour les objets de consommation soumis aux droits d'octroi et entrés dans la capitale en 1878 :

Objets de consommation.	Unité de mesure.	En 1878.	Par habitant (1).
BOISSONS ET LIQUIDES COMESTIBLES.			
Vins en cercles	hectol.	4,429,005	217.64
Vins en bouteilles.	id.	22,325	1.10
Alcool pur et liqueurs	id.	123,111	6.05
Cidres, poirés et hydromels	id.	68,990	3.39
Vinaigre	id.	36,696	1.80
Bière (venant du dehors) (2) . . .	id.	268,130	13.18
Huile d'Olive.	kilog.	1,127,171	0.55

(1) Consommation exprimée en litres et en kilogrammes.

(2) La quantité de bière fabriquée dans Paris est maintenant très-faible; elle est indiquée par les entrées de l'Orge.

Objets de consommation.	Unité de mesure.	En 1878.	Par habitant (1).

COMESTIBLES.

Enlévements des abattoirs.

Viande de boucherie	kilog.	116,971,271	57.48
Abats et issues de veau.	id.	2,611,862	1.29
Viande de porc	id.	14,880,091	7.31
Abats et issues de porc	id.	2,444,370	1.20

Provenance de l'extérieur.

Viande de boucherie	id.	21,390,363	10.51
Abats et issues de veau	id.	720,315	0.35
Viande de porc.	id.	6,814,066	3.35
Charcuterie	id.	2,057,291	1.01
Abats et issues de porc.	id.	325,012	0.16

Volaille et gibier.

Truffes, volaille et gibier truffés	id.	122,149	0.06
Volaille ; 1re catégorie (2)	id.	569,906	0.28
Id. 2e id. (3).	id.	12,611,717	6.20
Id. 3e id. (4).	id.	4,689,675	2.31
Id. 4e id. (5).	id.	5,614,965	2.76

Comestibles divers.

Viandes confites , poissons marinés, etc.	id.	1,154,426	0.57
Poissons (6)	id.	25,724,414	12.64
Huitres.	id.	3,773,805	1.85
Id. marinées	id.	10,202	0.01
Beurres de toute espèce.	id.	4,565,395	2.24
Fromages secs.	id.	4,916,136	2.42
Œufs	id.	3,255,613	1.60
Fruits et conserves au vinaigre, verjus, Sureau, etc.	hectol.	950	»
Raisins de toute espèce	kilog.	8,995,702	4.42
Sel gris ou blanc	id.	15,267,738	7.50
Glace à rafraîchir.	id.	2,236,630	1.01

(1) Consommation exprimée en litres et kilogrammes.

(2) Faisans, perdrix, bécasses, coqs de Bruyère, cailles, ortolans, foies d'oie et de canard, etc.

(3) Dindes, canards domestiques et sauvages, poulets, pluviers, chevreuils, etc.

(4) Oies domestiques. lièvres, lapins de garenne, cerfs, pigeons, agneaux, etc.

(5) Lapins domestiques et chevreaux.

(6) Sont compris dans cette catégorie non-seulement les poissons ayant acquitté le droit d'octroi à l'entrée de Paris, mais les poissons ayant acquitté les droits de marché.

Si l'on remonte à l'année 1859 et qu'on établisse le même tableau, d'après les données contenues dans l'*Annuaire* du Bureau des longitudes pour cette année, lesquelles ont été publiées dans l'*Annuaire* de 1861, on trouve :

Objets de consommation.	Unité de mesure.	En 1859.	Par habitant (1).
BOISSONS ET LIQUIDES COMESTIBLES.			
Vins en cercles.	hectol.	1,735,007	116.64
Vins en bouteille	id.	12,678	0.85
Alcool pur et liqueurs	id.	77,044	5.18
Cidres, poirés et hydromels. . . .	id.	21,028	1.41
Vinaigre.	id.	25,670	1.72
Bière (venant du dehors)	id.	147,391	9.89
Huile d'Olive	kilog.	575,433	0.38
COMESTIBLES.			
Enlèvements des abattoirs.			
Viande de boucherie	kilog.	56,049,753	37.68
Abats et issues de veau.	id.	1,099,992	0.74
Viande de porc.	id.	6,091,379	4.09
Abats et issues de porc	id.	889,603	0.59
Provenance de l'extérieur.			
Viande de boucherie	id.	18,785,187	12.62
Abats et issues de veau.	id.	812,021	0.54
Viande de porc	id.	4,993,047	3.35
Charcuterie	id.	1,232,605	0.82
Abats et issues de porc.	id.	610,232	0.41
Volaille et gibier.			
Truffes, volaille et gibier truffés	id.		
Volaille : 1ʳᵉ catégorie (2)	id.		
Id. 2ᵉ id. (3)	id.	14,945,945	10.05
Id. 3ᵉ id. (4)	id.		
Id. 4ᵉ id. (5)	id.		

(1) Consommation exprimée en litres et en kilogrammes.

(2) Faisans, perdrix, bécasses, coqs de Bruyère, cailles, ortolans, foies d'oie et de canard, etc.

(3) Dindes, canards domestiques et sauvages, poulets, pluviers, chevreuils, etc.

(4) Oies domestiques, lièvres, lapins de 'garenne, cerfs. pigeons, agneaux, etc.

(5) Lapins domestiques et chevreaux.

Objets de consommation.	Unité de mesure.	En 1859.	Par habitant (1).
Comestibles divers.			
Viandes confites, poissons marinés	kilog.	»	»
Poissons (2)	id.	14,130,803	9.50
Huîtres	} id.	1,642,160	1.10
Id. marinées			
Beurres de toute espèce	id.	2,980,855	2.00
Fromages secs	id.	2,018,671	1.36
Œufs	id.	1,784,944	1.20
Fruits et conserves au vinaigre, verjus, Sureau, etc.	hectol.	»	»
Raisin de toute espèce	kilog.	4,169,100	2.80
Sel gris ou blanc	id.	»	»
Glace à rafraîchir	id.	»	»

La population de Paris était

En 1878, de .... 2,031,235 habitants.
En 1859, de .... 1,487,453 —

En comparant les consommations par tête, en viandes de boucherie et de porc, en volaille et gibier, poissons, huîtres, beurre, fromages secs, œufs, on obtient le tableau suivant :

	1878	1859
	Kilog.	Kilog.
Viande de boucherie et porc	82.62	60.84
Volaille et gibier	11.61	10.05
Poissons	12.64	9.50
Beurre	2.24	2.00
Fromages secs	2.42	1.36
Œufs	1.60	1.20

La consommation en viande a augmenté, d'une année à l'autre, dans la proportion de 3 à 4.

---

(1) Consommation exprimée en litres et kilogrammes.
(2) Sont compris dans cette catégorie non-seulement les poissons ayant acquitté le droit d'octroi à l'entrée de Paris, mais les poissons ayant acquitté les droits de marché.

Si l'on compte par unité, pour les huîtres et pour les œufs, on trouve, qu'en moyenne, un habitant consommait par an :

	En 1878	En 1859
Huîtres	28	17
Œufs	32	24

L'accroissement le plus considérable que l'on doive constater d'une année à l'autre est celui du vin ; on a, en effet, les chiffres presque incroyables qui suivent :

	Consommation moyenne par tête en litres.	
	1878	1859
Vins.	218.74	117.49
Alcool pur et liqueurs . .	6.05	5.18
Cidres	3.39	1.41
Bière (non comprise celle fabriquée *intrà muros*).	13.18	9.89

La consommation des boissons alcoolisées, par tête, a doublé en vingt ans. On boit presque deux fois plus de litres de vin qu'on ne mange de kilogrammes de pain.

On estime, aujourd'hui, la consommation totale en farine à

Pour la boulangerie.	174,220,000 kilogrammes.
Pour les autres usages	159,700,000 —
Farine totale consommée . .	333,920,000
Soit, par tête	164 k. 38

dont l'équivalent en pain, à raison de 13 kilog. de pain pour 10 kilog. de farine est de . . .   213 k. 69 par tête ;

Mais il faut retenir que 174,220,000 kilog. de farine seulement sont mangés sous forme de pain, ce qui donne, par tête . . . .   85 k. 76 de farine
et réellement . . . .   111 k. 47 de pain.

Le reste (78k,62) est consommé dans la pâtisserie et pour les besoins divers des ménages.

Il convient d'ajouter, pour achever le tableau des consommations des denrées agricoles dans Paris, ce qui concerne les fourrages. L'octroi accuse les quantités suivantes :

	1878	1859
	Kilog.	Kilog.
Foin	95,014,205	38,891,360
Paille	127,972,945	72,031,335
Avoine	157,052,725	61,626,844
Orge	2,619,030	6,650,932

Tandis que l'accroissement de la population a seulement été de 50 pour 100, les consommations fourragères ont plus que doublé.

Le tableau des consommations de Paris, en 1878, a été pris pour établir la comparaison qui vient d'être faite avec l'année 1859, parce qu'il constituait le document le plus récent sur la question fourni par la statistique municipale. On peut objecter que l'année 1878 a été exceptionnelle, à cause de la grande Exposition internationale. Il y a, en conséquence, intérêt à rapprocher des chiffres précédents ceux constatés pour l'année 1877 ; les voici, d'après l'*Annuaire* du Bureau des longitudes pour 1879, la population calculée étant de 1,964,000 habitants.

Objets de consommation.	Unité de mesure.	En 1877.	Par tête.
BOISSONS ET LIQUIDES COMESTIBLES.			
Vins en cercles	hectol.	4,193,194	210.87
Vins en bouteilles	id.	17,291	0.86
Alcool pur et liqueurs	id.	107,481	5.40
Cidres, poirés et hydromels	id,	48,398	2.43
Vinaigre	id.	34,069	1.70
Bière (de l'extérieur)	id.	216,444	18.80
Huile d'Olive	kilog.	10,646	0.54
COMESTIBLES.			
Enlèvements des abattoirs.			
Viande de boucherie	kilog.	112,968,229	56.80
Abats et issues de veau	id.	2,525,508	1.27
Viande de porc	id.	12,782,402	6.42
Abats et issues de porc	id.	2,099,768	1.05

Objets de consommation.	Unités de mesure.	En 1877.	Par tête.
Provenance de l'extérieur.			
Viande de boucherie	kilog.	20,092,935	10.10
Abats et issues de veau	id.	666,562	0.34
Viande de porc	id.	6,120,634	3.13
Charcuterie	id.	1,635,600	0.83
Abats et issues de porc	id.	402,736	0.20
Volaille et gibier.			
1ʳᵉ catégorie (1)	id.	472,039	0.24
2ᵉ id. (2)	id	10,813,404	5.44
3ᵉ id. (3)	id.	4,172,991	2.10
4ᵉ id. (4)	id.	5,128,394	2.58
Truffes, volaille et gibier truffés . .	id.	97,193	0.05
Produits divers.			
Viandes confites, poissons marinés.	id.	997,535	0.50
Saumons, turbots, homards, etc. .	id.	1,399,900	0.96
Tous autres poissons	id.	5,904,950	2.97
Huîtres d'Ostende	id.	32,627 ⎫	
Id. ordinaires	id.	2,540,755 ⎬	1.29
Id marinées	id.	7,463 ⎭	
Beurres de toute espèce	id.	4,238,480	2.13
Fromages secs	id.	3,840,861	1.93
Œufs	id.	3,089,801	1.55
Fruits et conserves au vinaigre, verjus, Sureau, etc.	litres.	84,741	0.40
Raisins de toute espèce	kilog.	9,158,181	4.10
Sel gris ou blanc	id.	13,890,122	6.53
Glace à rafraichir . . . . , . .	id.	8,447,036	4.25
Fourrages.			
Foin	id.	86,336,800	n
Paille	id.	125,617,380	»
Avoine	id.	106,037,716	»
Orge	id.	3,087,151	»

(1) Faisans, perdrix, bécasses, coqs de Bruyère, cailles, ortolans, foies d'oie et de canard, etc.

(2) Dindes, canards domestiques et sauvages, poulets, pluviers, chevreuils, etc.

(3) Oies domestiques, lièvres, lapins de garenne, cerfs, pigeons, agneaux, etc.

(4) Lapins domestiques et chevreaux.

Kilog.

La consommation en viande de boucherie de porc s'est élevée, par tête, à. . 80.14
Il faut ajouter en volaille, gibier, etc. 10.88

Ce qui donne en total. 91.02

La consommation, par tête, en vins de toute sorte, s'éle-
vait donc en 1877 au chiffre de 212 litres environ, véri-
fication de la grande quantité de boissons alcooliques absor-
bées par Paris. Pour le vin, c'est presque le douzième de la
production annuelle de la France, avec une population
qui n'est que le dix-huitième de la population totale.

Les consommations de Paris pour 1879 ont été calculées
après l'impression des lignes précédentes ; elles présentent
les chiffres suivants :

	Unité de mesure.	Consommations totales.	Consommation par habitant (1).
BOISSONS ET LIQUIDES COMESTIBLES.			
Vins en cercles	hectol.	4,429,005	222.60
— en bouteilles.	id.	22,325	1.10
Alcool et liqueurs	id.	123,111	6.10
Cidres, poirés et hydromels . . .	id.	68,990	3.40
Vinaigre	id.	36,696	1.80
Bière (venant du dehors).	id.	268,156	13.40
Huile d'Olive	kilog.	1,127,172	0.57
COMESTIBLES.			
Enlèvements des abattoirs.			
Viande de boucherie	id.	116,000,971	58.33
Abats et issues de veau.	id.	2,611,862	1.31
Viande de porc	id.	14,887,090	7.49
Abats et issues de porc.	id.	2,444,370	1.23
Provenance de l'extérieur.			
Viande de boucherie.	id.	2,139,363	1.08
Abats et issues de veau	id.	720,315	0.36
Viande de porc.	id.	6,814,966	3.43
Charcuterie	id.	2,057,291	1.03
Abats et issues de porc	id.	352,012	0.18

(1) Consommation exprimée en litres et kilogrammes.

	Unité de mesure.	Consommations totales	Consommations par habitant (1).
Volaille et gibier.			
Volailles et gibier truffés.	kilog.	122,148	0.06
Volailles de toutes sortes	id.	23,586,263	11.86
Produits divers.			
Viande confite et poissons marinés.	id.	1,154,426	0.58
Poissons	id.	25,724,414	12.93
Huîtres	id.	3,784,007	1.90
Beurre.	id.	4,565,395	2.13
Fromages secs	id.	4,916,136	2.47
OEufs	id.	3,255,613	1.64
Fruits et conserves au vinaigre...	litres.	95,000	0.05
Raisins de toute espèce.	kilog.	8,995,702	4.52
Glace à rafraîchir	id.	2,236,630	1.12
Fourrages.			
Foin.	id.	95,014,205	»
Paille	id.	127,972,545	»
Avoine.	id.	157,052,725	»
Orge.	id.	2,619,030	»

La population calculée de Paris, pour l'année 1879, est de 1,988,806 habitants.

La consommation totale de viande de boucherie et de porc a été de 74ᵏ.44, et en ajoutant la volaille et le gibier, on trouve seulement 86ᵏ.36, c'est-à-dire moins que dans les deux années précédentes (1877 et 1878); mais, par contre, la consommation des vins et des alcools a continué à s'accroître.

(1) Consommation exprimée en litres et kilogrammes.

CHAPITRE XVI

Sur le commerce et la production des vins.

Parmi les produits agricoles de la France, les vins occupent une place des plus importantes. Il est nécessaire, pour se prononcer sur les questions multiples de la production, du commerce intérieur et du commerce extérieur, d'avoir sous les yeux des éléments positifs de discussion.

Voici, d'abord, le tableau des exportations des vins français depuis 1847 jusqu'à l'année 1879 comprise :

ANNÉES.	VINS ORDINAIRES exportés		VINS DE LIQUEUR exportés	
—	en futailles et outres.	en bouteilles.	en futailles et outres.	en bouteilles.
	hectol.	hectol.	hectol.	hectol.
1847	1,392,705	77,938	6,530	10,496
1848 . . . ,	1,461,273	72,966	4,433	9,709
1849	1,757,357	95,189	8,499	11,371
1850	1,776,742	107,708	12,639	13,565
1851	2,124,576	127,583	8,404	8,467
1852 . . . ,	2,289,372	120,232	6,858	12,110
1853	1,809,927	146,257	5,287	14,555

ANNÉES.	VINS ORDINAIRES exportés		VINS DE LIQUEUR exportés	
—	en futailles et outres.	en bouteilles.	en futailles et outres.	en bouteilles.
	hectol.	hectol.	hectol.	hectol.
1854	1,175,085	140,076	1,660	13,392
1855	1,052,431	142,470	2,994	17,082
1856	1,093,751	156,094	1,714	23,355
1857	956,857	141,245	2,902	23,470
1858	1,471,430	108,869	4,496	34,905
1859	2,321,459	130,574	16,422	50,584
1860	1,814,807	135,172	25,961	44,840
1861	1,683,340	97,836	20,038	56,493
1862	2,108,882	102,841	20,058	62,130
1863	1,849,311	130,457	26,498	78,190
1864	2,102,788	134,316	16,631	82,396
1865	2,640,965	127,138	18,443	81,852
1866	2,991,005	171,728	26,788	84,341
1867	2,350,173	145,721	15,088	80,187
1868	2,544,663	159,331	16,732	85,687
1869	2,744,324	200,030	18,826	99,870
1870	2,593,259	153,844	13,504	105,598
1871	3,005,832	168,000	19,084	126,340
1872	3,016,549	224,238	28,451	160,732
1873	3,572,932	232,054	34,175	142,270
1874	2,840,678	218,078	44,670	129,058
1875	3,352,567	216,218	29,845	132,242
1876	2,970,697	204,223	34,731	121,260
1877	2,737,580	223,105	28,026	112,947
1878	2,443,016	302,738	22,660	26,573
1879	2,687,234	307,989	18,773	25,630

Il est incontestable, d'après le tableau précédent, que l'exportation annuelle, principalement des vins ordinaires, a plus que doublé depuis trente ans, en subissant des oscillations nombreuses à raison des variations des récoltes.

Les importations de vins étrangers ont présenté le mouvement suivant :

ANNÉES.	VINS ORDINAIRES importés		VINS DE LIQUEUR importés	
	en futailles et en outres.	en bouteilles.	en futailles et en outres.	en bouteilles.
	hectol.	hectol.	hectol.	hectol.
1847	563	217	2,897	181
1848	210	63	1,940	93
1849	336	92	1,613	105
1850	454	139	2,451	151
1851	523	159	2,504	134
1852	444	183	2,679	171
1853	613	251	3,399	215
1854	146,119	397	8,294	367
1855	394,843	683	20,955	622
1856	324,292	1,185	16,263	736
1857	609,587	1,790	15,967	1,102
1858	99,351	1,360	13,164	692
1859	110,810	777	16,756	485
1860	159,111	995	22,405	700
1861	230,980	1,188	18,834	742
1862	101,240	989	18,397	693
1863	78,725	1,275	23,268	601
1864	92,925	1,136	25,432	590
1865	72,880	1,362	24,707	672
1866	50,686	1,279	29,337	590
1867	168,949	1,840	32,654	509
1868	357,267	2,433	34,652	668
1869	332,694	1,747	43,047	685
1870	98,636	1,273	26,150	551
1871	111,320	938	35,011	492
1872	480,565	1,216	35,406	1,253
1873	605,267	1,328	36,427	779
1874	638,990	2,039	38,942	664
1875	245,639	2,548	42,715	934
1876	615,627	1,831	57,970	972
1877	645,543	1,686	59,330	805
1878	1,521,338	2,178	78,656	709
1879	2,827,315	2,187	106,032	978

Sauf dans les deux dernières années, et surtout en 1879, les importations n'avaient eu qu'une assez faible importance; mais elles sont devenues considérables depuis deux ans pour les vins ordinaires.

Les totaux annuels des exportations et des importations en vins de toutes sortes sont donnés dans le tableau suivant, où l'on trouve, en outre, les excédants de nos envois à l'extérieur sur les admissions de vins étrangers :

ANNÉES.	Totaux des exportations.	Totaux des importations.	Excédant des exportations sur les importations.
	hectol.	hectol.	hectol.
1847	1,487,669	3,858	1,483,811
1848	1,548,381	2,306	1,546,075
1849	1,972,416	2,146	1,970,270
1850	1,910,654	3,196	1,907,458
1851	2,269,030	3,320	2,265,710
1852	2,428,572	3,477	2,425,095
1853	1,976,026	4,478	1,971,548
1854	1,330,213	155,177	1,175,036
1855	1,214,977	417,103	797,874
1856	1,274,914	347,676	927,238
1857	1,124,474	628,446	496,028
1858	1,619,700	114,567	1,505,133
1859	2,519,039	128,828	2,390,211
1860	2,020,780	183,211	1,837,579
1861	1,857,707	251,744	1,605,963
1862	2,293,911	121,319	2,172,592
1863	2,084,456	103,869	1,980,587
1864	2,336,131	120,083	2,216,048
1865	2,868,398	99,621	2,768,777
1866	3,273,862	81,892	3,191,970
1867	2,591,169	203,942	2,387,227
1868	2,806,413	395,020	2,411,393
1869	3,063,050	378,173	2,684,877
1870	2,866,205	126,610	2,739,595
1871	3,319,256	147,761	3,171,495
1872	3,429,970	518,440	2,911,530
1873	3,981,431	643,801	3,337,630
1874	3,232,484	680,635	2,551,849
1875	3,730,872	291,836	3,439,036
1876	3,330,901	676,400	2,654,501
1877	3,101,658	707,364	2,394,294
1878	2,794,987	1,602,881	1,192,106
1879	3,039,626	2,937,022	102,604

On remarquera l'énorme accroissement des importations, en 1878 et 1879. Le mouvement des importations et celui des exportations sont subordonnés, en sens différents, aux bonnes et aux mauvaises vendanges.

Les variations des récoltes, d'une année à l'autre, sont

15

parfois énormes, du simple au triple et même davantage.
Voici les chiffres que nous avons pu réunir d'après les publications officielles du ministère des finances :

ANNÉES.	RÉCOLTES TOTALES pour toute la France.
	hectol.
1788.	25,000,000
1808.	28,000,000
1827.	36,819,000
1829.	30,973,000
1830.	15,282,000
1835.	26,476,000
1840.	45,486,000
1845.	30,140,000
1847.	34,316,000
1850.	45,266,000
1852.	28,636,500
1853.	22,662,000
1854.	10,824,000
1855.	15.175,000
1856.	21,294,000
1857.	35,410,000
1858.	45,805,000
1859.	53,910,000
1860.	39,558,450
1861.	29,788,243
1862.	37,110,080
1863.	51,371,875
1864.	50,653,364
1865.	68,924,961
1866.	63,917,341
1867.	38,869,479
1868.	59,109,504
1869.	71,375,965
1870.	53,537,942
1871.	57,084,054
1872.	50,528,182
1873.	35,769,619
1874.	63,146,125
1875.	83,632,391
1876.	41,846,748
1877.	56,405,363
1878.	48,720,553
1879.	25,769,552

Les vendanges maxima sont celles de 1875 ; elles ont été

plus que triples des quantités obtenues en 1879, qui ont
été les plus faibles qu'on eût enregistrées depuis 1856,
année où l'on a commencé à se relever des désastres
causés par l'invasion de l'oïdium. En 1854, on tomba au
minimum de 10 millions d'hectolitres, moins du huitième
des vendanges de 1875, moins du cinquième des vendanges
moyennes annuelles que l'on peut évaluer à environ 55 millions d'hectolitres.

Comme dernier renseignement utile pour apprécier sai-
nement le mouvement du commerce international des vins,
nous placerons ici les *prix moyens* des vins à l'importation
et à l'exportation calculés sur l'ensemble des valeurs attribuées, chaque année, par la commission des valeurs aux
divers vins enregistrés dans les publications de l'administration des douanes depuis 1847 :

ANNÉES.	PRIX MOYENS annuels des vins à l'importation par hectolitre.	PRIX MOYENS annuels des vins à l'exportation par hectolitre.
	fr.	fr.
1847	169.47	31.60
1848	180.90	27.19
1849	138.55	27.26
1850	149.64	27.20
1851	148.94	35.88
1852	160.73	40.10
1853	178.27	72.82
1854	78.01	143.42
1855	69.78	138.20
1856	79.50	160.92
1857	73.53	141.52
1858	66.44	115.22
1859	60.79	92.10
1860	55.53	106.89
1861	41.32	105.46
1862	46.98	91.54
1863	54.42	110.21
1864	45.87	100.39
1865	46.67	90.75
1866	51.94	78.86
1867	36.84	94.43

ANNÉES.	PRIX MOYENS annuels des vins à l'importation par hectolitre.	PRIX MOYENS annuels des vins à l'exportation par hectolitre.
	fr.	fr.
1868	36.59	83.51
1869	37.39	85.22
1870	38.73	77.81
1871	45.19	70.81
1872	37.37	79.66
1873	44.68	70.64
1874	43.70	70.92
1875	47.26	66.33
1876	37.35	63.52
1877	41.23	71.19
1878	36.73	71.95
1879	42.56	75.53

On remarquera que, tandis que les prix des vins à l'importation suivent une marche décroissante, les prix à l'exportation présentent, au contraire, une marche ascendante, avec des oscillations qui ne changent pas la loi que nous signalons; les oscillations en moins ou en plus correspondent à l'abondance ou à la rareté des vendanges.

CHAPITRE XVII

Sur les variations de la valeur de la propriété rurale.

Pour résoudre en fait la question des variations de la valeur de la propriété rurale dans ces derniers temps, il n'y avait pas de meilleur moyen que de recourir aux documents officiels de l'enregistrement. Dans les tableaux suivants, on trouvera, pour chacune des douze régions agricoles que nous avons considérées, et pour l'ensemble de la France, d'après les baux enregistrés, le montant des fermages et l'étendue respective des terres affermées pour les années 1867, 1872 et 1877. Il nous a été impossible de remonter à des époques plus éloignées. L'exécution rigoureuse de la loi qui prescrit l'enregistrement des baux permettra de suivre, désormais, le mouvement de la valeur des terres, laquelle est dépendante de la rente du sol. Il est manifeste que les prix des baux n'étaient pas moins élevés en 1867 qu'avant 1860 ; la progression constatée depuis lors remonte certainement au premier quart du siècle.

Nous renvoyons au premier volume de l'enquête pour
la nomenclature des départements qui composent chaque
région.

Année 1867.

DÉSIGNATION DES RÉGIONS. —	NOMBRE d'hectares de biens ruraux affermés à rente fixe.	Montant total des baux.	TAUX moyens du fermage par hectare.
	fr.	fr.	fr.
I. Nord-Ouest.	110,000	9,603,000	87.10
II. Ouest.	169,000	7,868,000	46.56
III. Nord	169,300	17,086,000	100.92
IV. Centre.	156,000	7,142,000	45.78
V. Nord-Est.	44,000	2,250,000	51.13
VI. Est	56,000	3,357,000	59.94
VII. Ouest central. . . .	72,000	3,560,000	49.44
VIII. Sud-Ouest	17,000	1,148,000	67.53
IX. Sud central.	48,000	1,453,000	30.27
X. Est central.	36,500	1,737,000	47.58
XI. Sud	27,000	2,118,000	78.44
XII. Sud-Est	29,900	1,586,000	53.04
France entière	934,700	58,908,000	63.02

On voit que la région du Nord était, en **1867**, celle où
le taux des baux était le plus élevé; il s'y trouvait plus
que triple de celui de la région du Sud central, où la
rente de la terre était au minimum. Le Nord-Ouest, à
cause des herbages, et le Sud, à cause de laVigne, viennent
ensuite.

Nous passons aux secondes déterminations qui donnent
des nombres d'hectares affermés beaucoup plus élevés,
parce que l'obligation de l'enregistrement était devenue
exigible. Cela ne veut pas dire que, en réalité, il y eût plus
de baux contractés qu'antérieurement.

Annnée 1872.

DÉSIGNATION DES RÉGIONS. —	NOMBRE d'hectares de biens ruraux affermés a rente fixe.	Montant total des baux.	TAUX moyens du fermage par hectare.
	fr.	fr.	fr.
I. Nord-Ouest.	457,400	44,761,000	97.85
II. Ouest.	392,600	22,938,000	58.42
III. Nord.	383,000	40,500.000	105.74
IV. Centre.	274,000	14,180,000	51.75
V. Nord-Est..	122,700	6,616,000	53.92
VI. Est.	213,000	13,733,000	64.47
VII. Ouest central.	161,000	9,816,000	60.96
VIII. Sud-Ouest.	35,000	2,879,000	82.25
IX. Sud central.	99,300	4,606,000	46.38
X. Est central.	140,600	8,124,000	57.07
XI. Sud.	83,600	5,132,000	61.38
XII. Sud-Est.	119,000	7,257,000	60.98
France entière. . . .	2,481,200	180,542,000	72.76

En admettant que les chiffres soient comparables, on trouve que dans 11 régions sur 12, le taux des fermages a augmenté; il n'y a eu de diminution dans le taux de la rente de la terre affermée que pour la région du sud où déjà le phylloxera, la suppression de la culture de la Garance et la crise séricicole avaient produit une partie de leurs effets désastreux.

Mais peut-on admettre que les chiffres soient comparables? Contre l'affirmative on peut alléguer qu'en 1867 on n'était pas absolument forcé à faire enregistrer les baux, et que, dans tous les cas, on pouvait chercher à diminuer les droits dus au fisc par des déclarations inférieures à la réalité. Mais, tout en convenant qu'il peut y avoir du fondement dans cette allégation, on ne saurait aller jusqu'à dire que les fausses déclarations ont jeté une perturbation complète dans les faits d'ensemble; elles eussent certainement masqué la diminution si notable du taux des fermages dans la région du Sud. D'ailleurs, plus l'étendue affermée recensée se trouve considérable, plus on se rapproche de la vraie moyenne, et il ne peut résulter de la discussion des chiffres que ce fait, c'est que les propriétaires recevaient de leurs fermiers, en 1872, plus qu'ils n'avouaient recevoir en 1867.

Quoi qu'il en soit, on voit que ce sont toujours les régions Nord et Nord-Ouest qui présentent les chiffres les plus élevés pour la rente de la terre payée au propriétaire.

La région où la rente est la plus faible est encore le Sud central, mais elle a gagné plus que toutes les autres; celle qui vient ensuite, à cet égard, est celle du Sud-Ouest, où l'entretien du bétail a fait de très-grands progrès.

Nous allons maintenant donner le tableau relatif à 1877.

Année 1877.

DÉSIGNATION DES RÉGIONS. —	NOMBRE d'hectares de biens ruraux affermés à rente fixe.	Montant total des baux.	TAUX moyens du fermage par hectare.
	fr.	fr.	fr.
I. Nord-Ouest.	508,500	51,998,000	102.25
II. Ouest.	450,400	26,790,000	59.48
III. Nord.	347,600	38,705,000	111.35
IV. Centre.	324,300	16,478,000	50.80
V. Nord-Est.	126,500	6,948,000	54.92
VI. Est.	242,500	15,585,000	64.26
VII. Ouest central.	173,000	11,459,000	66.23
VIII. Sud-Ouest.	40,600	3,355,000	82.63
IX. Sud central.	105,000	5,262,000	50.11
X. Est central.	172,000	9,243,000	53.73
XI. Sud.	90,300	4,706,000	51.78
XII. Sud-Est.	113,900	7,541,000	66.20
France entière.	2,694,600	198,070,000	73.50

Quoique le taux de la rente des biens ruraux affermés ait baissé, par hectare, depuis 1872, dans les quatre régions du Centre, de l'Est, de l'Est central et du Sud, il y a encore hausse sur l'ensemble de la France. La plus forte baisse s'est produite dans la 11ᵉ région, celle du Sud ; elle est due surtout à la dépréciation des vignobles causée par l'invasion phylloxérique. Dans le Nord-Ouest, le Nord, l'Ouest central, l'accroissement du taux de fermage a continué d'une manière notable.

On peut estimer que, depuis avant 1850, la rente du fermage a progressé dans la proportion de 5 à 7. C'est, du reste, ce que M. Léonce de Lavergne regardait comme démontré, lorsqu'il disait en 1877 (1) : « La valeur totale des produits ruraux qui était de 5 milliards, il y a vingt-cinq ans, peut être, aujourd'hui, portée à 7 milliards et demi, malgré la séparation de l'Alsace et de la Lorraine. »

On a contesté dans le cours de la discussion sur le paragraphe 17 de la première réponse (p. 119 et 120) relatif à la valeur comparée de la terre actuellement et avant 1860, que, dans le Bourbonnais, le prix de la terre ait augmenté. M. Bignon, correspondant de la Société, qui assistait à la séance, nous a fait parvenir, à ce sujet, des Notes détaillées dont nous extrayons les faits suivants :

Le 27 avril 1849, le domaine de Bonneau, d'une contenance de 99 hectares 28 ares, a été mis en adjudication devant le tribunal de Montluçon (Allier); il a été vendu 25,500 francs. — Ce domaine a été amélioré ; il vaut aujourd'hui 150,000 francs; il en produit largement le revenu. Le prix de l'hectare a passé de 255 francs en 1849, à 1,500 francs en 1879.

En 1849 également, le domaine de Lacroix, d'une contenance de 39 hectares, a été adjugé, devant le même tribunal, au prix de 20,000 francs. Ce domaine avait une situation privilégiée, dans le chef-lieu de la commune de Théneuille, de 1,000 à 1,100 habitants, traversée par une route nationale, ce qui explique le prix relativement élevé à cette époque. Ce domaine qui a été amélioré et, en outre, augmenté de 10 hectares environ, se vendrait assurément, aujourd'hui, 150,000 francs, et peut-être beaucoup

(1) Quatrième édition de l'*Économie rurale* de la France, p. 474.

plus. La valeur de l'hectare de terre a passé de 538 francs en 1849, à 3,847 francs en 1879. »

Le fait suivant corrobore les évaluations précédentes pour la valeur actuelle de l'hectare.

Le domaine de Junçais, d'une contenance de 47 hectares, a été vendu, en 1875, au prix de 80,000 francs, soit à raison de 1,700 francs l'hectare. Or, ce domaine de Junçais est contigu au domaine de Lacroix, mais dans une situation retirée, et on n'y arrive que par un chemin de traverse difficile. Il n'avait subi aucune amélioration, et se trouvait dans un état déplorable d'entretien, à ce point que l'acquéreur et son métayer principal, allant visiter le domaine, montés sur une charrette, sont restés embourbés au milieu de la cour dont la terre était détrempée par le séjour éternel du purin ; il a fallu placer des planches pour leur permettre de descendre de la charrette et pour pouvoir retirer le cheval et la charrette à vide. Ces détails attestent suffisamment que la grande différence des prix entre les deux époques est due uniquement à l'augmentation générale des prix des terrains.

Le domaine de Villacio, dans le canton de Cérilly (Allier), d'une contenance d'environ 48 hectares, contigu à celui de Junçais, mais ayant des terres d'une qualité plutôt inférieure qu'égale, a été vendu, en 1879, au prix de 110,000 francs, soit 2,300 francs l'hectare. Il a été acheté par un fermier de la localité.

Le domaine de Champfort, d'une contenance de 52 hectares 41 ares, situé sur la commune de Bourbon, a été vendu, en 1879, dans l'étude de Mᵉ Roussel, notaire à Cérilly, au prix de 155,000 francs, soit 3,000 francs l'hectare.

Le *Bulletin* de la Société d'agriculture de l'Allier, du 1ᵉʳ janvier 1880, contient, d'ailleurs, les lignes suivantes, en réponse à un questionnaire adressé par la Société des agriculteurs de France.

« Nos cantons (ceux de l'arrondissement de Moulins) ont suivi une marche rapide dans la voie des améliorations agricoles. Tel domaine dont la valeur représente un capital de 200,000 francs n'en valait guère que 30,000, il y a quarante ans. »

La progression de valeur est presque de 1 à 7.

Dans sa lettre d'envoi à M. le Secrétaire perpétuel, M. Bignon ajoute : « Je ne saurais vous dire combien vous avez raison dans la discussion que vous soutenez. Les renseignements que je vous donne sont d'une rigoureuse exactitude. »

CHAPITRE XVIII

*Avis antérieurement émis par la Société sur les traités
de commerce et les droits de douane.*

Les discussions sur les questions soulevées par l'opportunité de frapper les produits agricoles étrangers par des droits de douane, ne sont pas nouvelles au sein de la Société nationale d'agriculture.

En 1859, après une longue délibération, à laquelle ont pris part, contre l'échelle mobile, MM. de Lavergne, Barral, Pommier, Passy, de Kergorlay, de Tracy, Payen, et en sa faveur : MM. Darblay et Moll, la Société a adopté l'avis qu'un droit fixe seulement devait être établi sur l'entrée du Froment.

Après une nouvelle délibération provoquée par la crise agricole de 1866, la Société, dans sa séance du 11 avril, a voté la résolution suivante :

« La Société, en présence de l'Enquête qui se prépare, maintient sa délibération de 1859 et exprime l'avis que la loi du 16 juin 1861 ne doit point être modifiée.

« Elle est d'avis qu'il y a lieu de rapporter le décret du
25 août 1861 qui, en autorisant l'importation des Blés en
franchise temporaire, à charge de réexportation après mou-
ture, diminue les recettes du Trésor, sans exercer d'effet
utile sur nos exportations. »

Cette formule avait pour auteurs, MM. Combes, Antoine
Passy, Lecouteux et Wolowski.

M. Combes, au dernier moment, avait résumé la pensée
de sa proposition dans les termes suivants :

« Notre proposition, si elle est adoptée, voudra dire que
notre Compagnie ne croit pas que la législation de 1861 soit
la cause de la crise agricole actuelle. »

En 1870, le Corps législatif entreprit de faire une nouvelle
enquête sur la situation économique du pays. Le questionnaire rédigé pour cette enquête fut envoyé à la Société, qui
commença l'étude des réponses à y faire. L'enquête fut
interrompue par les événements, avant que la Société eût
examiné toutes les questions qui lui avaient été adressées.
Néanmoins, les réponses à plusieurs questions ont été dis-
cutées et adoptées dès le mois de juin 1870.

Les travaux de la Société pour l'enquête parlemen-
taire de 1870 ont été publiées, par M. le Secrétaire perpétuel, dans le volume de ses Mémoires pour 1870-1871 ;
ils sont d'ailleurs signalés à leurs dates dans le *Bulletin* des
séances. Il est utile de rappeler, ici, les réponses votées sur
quelques questions analogues à celles sur lesquelles porte
l'enquête de 1879.

Dans sa réponse à la question n° 1, sur le Rapport de
M. Bella, mais avec un amendement proposé par M. de Kergorlay, la Société s'est exprimée ainsi qu'il suit, relativement
aux charges diverses pesant sur la culture :

« L'élévation des droits de douane qui frappent la fonte,
le fer, l'acier, les machines et la houille, constitue une

charge très-pénible pour l'agriculture ; elle augmente notablement les frais d'installation des sucreries, des distilleries, des brasseries, et crée un grand obstacle à la propagation des batteuses fixes ou locomobiles et de tous les
instruments agricoles perfectionnés.

« L'agriculture a donc le droit de demander le dégrèvement de ces divers objets, ainsi que celui des engrais,
des produits chimiques qui entrent dans la composition des
engrais dits commerciaux, et des filés de laine et de coton
qui doivent être considérés comme matières premières des
vêtements de ses travailleurs. »

A la question n° 12, sur les progrès accomplis dans la
culture, la Société a répondu, sur le Rapport de M. Bella :

« Les terres de la grande et de la moyenne culture sont
mieux et plus profondément labourées. Les plantes sarclées sont plus souvent cultivées, et les fumures sont plus
complètes qu'elles ne l'étaient.

« La petite culture n'a pu, en général, apporter ces améliorations que dans les champs qu'elle cultive à bras. »

La question n° 44 était relative à l'influence des traités
de commerce au point de vue du placement, des prix de
vente et des débouchés extérieurs des produits agricoles. La
Société a répondu, sur le Rapport de M. Antoine Passy :

« L'impulsion donnée au commerce extérieur de la
France, par suite des divers traités de commerce conclus
depuis cinq ans, a eu pour conséquence un grand développement de l'exportation de nos produits agricoles.

« Seulement, il est à regretter que les traités les plus
récents soumettent quelques-uns de nos produits à des
droits beaucoup trop élevés à leur importation dans des
pays étrangers, pour que leur consommation prenne toute
l'importance dont elle serait susceptible.

« L'agriculture française n'a rien à redouter de l'abaissement des droits sur les produits étrangers, et l'expérience

des années qui viennent de s'écouler lui a appris tout ce qu'elle doit attendre du placement de ses produits à l'étranger. »

En répondant à la question n° 45, la Société a ajouté, également sur la proposition de M. Antoine Passy :

« Les traités n'ont pas eu d'influence sur le prix de la vente des terres, mais bien sur le prix de location des terres, augmenté dans la région où l'exportation des produits a pris de l'extension. »

Il convient de rappeler que M. de Kergorlay, dans son discours d'ouverture de la séance solennelle de distribution des récompenses de la Société, le 18 mai 1873, s'est exprimé, comme président, dans les termes suivants, aux applaudissements de toute l'assemblée :

« Je m'arrête, en formant le vœu ardent que le gouvernement et l'Assemblée nationale veuillent bien tenir grand compte du travail préparé dans la Société centrale, dans les discussions auxquelles donnera lieu le nouveau traité de commerce conclu avec l'Angleterre, et ne prendre aucune mesure qui puisse arrêter le développement que notre agriculture et toutes nos grandes industries ont pris sous l'influence du traité de 1860. »

M. Wolowski, présidant la séance de distribution des récompenses du 27 juin 1875, après avoir montré l'importance croissante du commerce d'exportation des produits agricoles, sous l'influence de la liberté commerciale, a ainsi terminé son discours, également aux applaudissements unanimes de l'assemblée :

« L'affermissement de nos institutions, la pratique des principes qui fortifient le respect du droit de propriété et l'influence féconde de la liberté répareront successivement les conséquences cruelles de nos revers : le commerce libre continuera à relever la situation de l'agriculture, base la plus solide de la richesse publique. »

Enfin, il nous reste à remplir un devoir de piété envers la mémoire de M. Léonce de Lavergne, que l'on a essayé de ranger parmi les partisans des droits de douane qui ne seraient pas uniquement fiscaux. Au mois d'avril 1878, il a adressé à M. le Secrétaire perpétuel la lettre suivante qui a déjà été publiée en son temps :

Versailles, 22 avril 1878.

« Quoique l'état de ma santé me mette dans l'impossibilité de prendre part aux discussions engagées sur les tarifs de douane, je ne puis me dispenser de donner une explication personnelle sur un mot dont l'origine m'est attribuée et dont on fait quelque bruit. C'est le mot de *droits compensateurs.*

« J'ai, en effet, soutenu une théorie dont les droits compensateurs peuvent être regardés comme une traduction, mais une traduction infidèle.

« Ecartant à la fois le système protecteur et le libre-échange absolu, j'ai soutenu que les droits de douane étaient légitimes et nécessaires, dans l'état actuel des finances, pourvu qu'ils fussent uniquement fiscaux, et qu'il était juste d'en faire, autant que possible, l'équivalent des taxes supportées à l'intérieur par les produits similaires.

« Ainsi considérés, les droits de douane peuvent être considérés comme compensateurs, mais à l'égard de l'impôt seulement. Or, on s'est emparé de ce terme pour généraliser l'idée de compensation et l'appliquer à toute autre chose que l'impôt. Il est bien évident qu'on peut faire sortir de cette équivoque le système protecteur tout entier.

« J'ai déjà protesté plusieurs fois contre une pareille interprétation qui dénature complétement ma pensée.

« Recevez, etc.

« L. DE LAVERGNE. »

CHAPITRE XIX

Sur quelques-unes des conditions imposées par les propriétaires aux métayers (1).

En rédigeant la réponse à la troisième question de M. le Ministre de l'agriculture sur la situation actuelle des métayers nous avons dit, au nom de la Commission (p. 123) : « Dans le plus grand nombre des cas, les conditions du colon partiaire sont que, avant tout partage, le propriétaire prélève une somme déterminée qui paye les impôts et qui est souvent plus élevée. » On a opposé, à l'énonciation de ce fait, des négations qui nous imposent le devoir d'apporter des preuves au-dessus de toute contestation. Jamais nous n'avons rien avancé à la légère ; nous nous taisons, quand nous ne savons pas, et jusqu'au moment où nous avons pu observer directement les faits. Or, dans l'espèce, nous avions été sur les lieux, et nous n'avons fait que résumer *avec modération*, une situation vraie ; cette situation

(1) Communication faite à la Société par le Secrétaire perpétuel dans la séance du 25 de février 1880.

est que, le plus souvent, toutes les charges de l'agriculture sont supportées exclusivement par le métayer, et que
le propriétaire se fait rembourser l'impôt et même plus.
avant tout partage des produits de la récolte et de la vente
des animaux livrés annuellement au commerce par chaque
métairie. Voter pour que ce fait ne soit pas énoncé, ce
n'est pas obtenir qu'il n'existe pas.

Pour administrer les preuves qu'on nous a mis dans la
nécessité d'apporter, nous sommes obligé de citer des
noms, de désigner des localités. Mais, encore une fois, il
n'y a pas là de dénonciation personnelle ; c'est une situation générale que nous décrivons ; de plus, les exceptions
que nous citerons, confirmeront la règle et montreront que
quelques-uns savent la rendre moins dure. Il faut bien,
d'ailleurs, en citant des faits, donner les moyens de les
vérifier.

Nous commencerons par le métayage dans le Limousin.

La propriété du Vignaud, située sur les communes de la
Jonchère, de Jabreille et de Saint-Laurent-les-Eglises, est
partagée en 9 métairies, qui ont une contenance totale de
217 hectares. Elle appartient à M. Ch. de Leobardy, lauréat de la prime d'honneur de la Haute-Vienne, en 1870.
Nous avons pu en dépouiller la comptabilité, en faisant une
nouvelle visite de la propriété en 1877, comme rapporteur
du nouveau concours de la prime d'honneur dans le département ; M. Ch. de Léobardy avait tenu à montrer que
le progrès sur ses domaines avait continué, et il a complétement justifié cette légitime prétention. Or, qu'avons-
nous trouvé? C'est que les métayers payent la totalité de
l'impôt foncier, qu'ils font tous les frais de culture. Cependant, comme le propriétaire est un homme de progrès,
nous constatons qu'il contribue pour moitié aux frais de
main-d'œuvre employés aux sarclages des récoltes et aux
prestations.

La propriété du Repaire, sur la commune de Moissannes, dans le canton de Saint-Léonard, appartient à M. Van der Woestyne qui a reçu plusieurs récompenses pour ses travaux agricoles, notamment pour de belles irrigations. L'étendue totale est de 312 hectares. Une surface boisée de 122 hectares est mise à part; le reste, soit 190 hectares, est divisé en six métairies. Voici ce que nous extrayons du Rapport sur les comptes de l'une de ces métairies dite du Bas de Mas-Féty (30 hectares environ) : « Les impôts sont en réalité payés et au-delà, par le colon, grâce à un artifice adopté dans toute la contrée et qui consiste à prélever, sous le nom d'entrées, une certaine somme sur le produit des ventes. Ainsi, en 1877, il a été vendu pour 2,052 francs de bétail; en réglant avec le colon, le propriétaire a commencé par prélever 300 francs, et les 2,752 francs restant ont été partagés à parts égales. Les impôts ne sont que de 121 francs. »

Quelques propriétaires, ils sont en petit nombre, ont renoncé à prélever l'impôt; ils se vantent de cet acte comme d'un progrès qu'ils ont réalisé. L'un d'eux, M. Marbouty, propriétaire du Puy-Régnier, sur la commune de Cauzien, canton nord de Limoges, nous a remis comme preuve, la copie du bail qu'il avait contracté avec son colon (le domaine a 56 hectares); nous y lisons : « Tous les ans, au mois de janvier, le compte du colon sera réglé, et, sur le bénéfice commun des bestiaux il sera prélevé une somme de 200 francs qui seront consacrés spécialement à acheter de la chaux pour la terre ou de l'engrais pour les prés, moyennant quoi le colon reste exempt de toutes espèces d'impôts ou prestations ressortant du domaine.» Le propriétaire a insisté pour nous montrer combien il était libéral, puisqu'il appliquait à des améliorations la somme prélevée par ses voisins en vue d'acquitter les impôts. Voici d'ailleurs, quelques autres dispositions du même bail, que nous citerons pour réfuter ceux qui ont avancé que le pré-

lèvement en question était compensé par des avantages
faits aux colons :

« L'assurance pour la grêle et l'incendie se payera par
moitié.

« Les charrettes et instruments aratoires seront entre-
tenus à frais communs.

« Le battage se fera à l'aide de la machine dont M. Marbouty payera le tiers.

« Le colon sera tenu de faire quatre charrois en ville
pour M. Marbouty ; s'il en fait d'autres au Puy-Regnier,
ils lui seront payés à raison de 2 francs par jour. Il sera,
en outre, obligé de conduire à Limoges, sans rétribution,
la part de récolte de M. Marbouty, et, en cas de réparation dans le domaine, de conduire tous les matériaux qui
y seront nécessaires.

« La volaille et les œufs seront partagés ainsi que tous les
autres produits du domaine, et notamment à la sortie du
colon. En cas de désaccord pour la volaille, elle serait ven-
due.

« M. Marbouty abandonne sa part de Châtaignes et de
Pommes de terre, à la condition que le colon lui donnera,
tous les ans, quatre sacs de Châtaignes choisies, s'il y en a,
et quatre sacs de Pommes de terre, les autres devront
toutes être consommées dans le domaine ; s'il y en avait un
excédant et que l'on pût en vendre, le produit en serait
partagé, tant pour les Châtaignes que pour les Pommes de
terre. »

Si l'on remarque que les produits du bétail sont partagés entre le propriétaire et le colon, on doit reconnaître
que les conditions de faire consommer dans le domaine
tout ce qui n'est pas vendu, après le prélèvement préalable ci-dessus indiqué en faveur du propriétaire, ne fait
en partie qu'équivaloir à la nourriture propre du colon et
de sa famille, et pour l'autre partie, à accroître l'impôt du

métayage, ou, si l'on veut employer un terme admis et très en vogue dans le pays, les *menus suffrages* payés par le colon.

Sur la terre de Neuvic, canton de Châteauneuf, qui appartient à M. Paul Limousin, lauréat de la prime d'honneur de la Haute-Vienne, en 1879, il se trouve une réserve et quatre domaines cultivés par des métayers. Cette terre est d'une contenance totale de 265 hectares. Le Rapport s'exprime ainsi sur les conditions du métayage :

« Les baux à colonage, dans le canton, sont généralement verbaux, mais les clauses en sont consacrées par l'usage. Ils n'ont pas de durée fixe ; ils peuvent être résiliés par la seule volonté de l'une des parties, à la condition qu'elle prévienne l'autre partie trois mois avant le 1er novembre, époque des changements des colons. M. Limousin a adopté ces usages, en s'appliquant à venir en aide à ses colons de toutes les manières possibles, afin de les décider à rester sur ses domaines ; il y a réussi. Le métayer doit cultiver à ses frais les terres qui lui sont confiées ; il doit supporter la moitié des dépenses pour l'achat des instruments, des amendements, des engrais commerciaux, et généralement pour tout ce qui est nécessaire à la culture. Jusqu'à présent, les engrais commerciaux n'ont été employés qu'en faible quantité, et il y a eu une très-grande résistance contre l'adoption des instruments perfectionnés. Au début, M. Limousin a dû fournir des phosphates pour le traitement de prairies remplies de joncs. Les métayers doivent, désormais, répandre sur leurs terres 1,500 kilogrammes de chaux par an chacun, et ils en paient la moitié. Du reste, maintenant, l'achat des engrais commerciaux destinés aux prairies est au compte du propriétaire, tandis que les métayers paient la moitié de la dépense pour tous les engrais destinés aux terres. M. Limousin a dû aussi mettre, à son compte personnel, les premiers instruments perfectionnés qu'il a importés, et, surtout, les instruments d'un prix assez élevé : machines à battre,

rouleaux Crosskill, semoir, trieur. Le propriétaire fournit
la semence des céréales ; chaque année, lors de la récolte,
le métayer, après avoir préalablement prélevé la semence
qui est due comme restitution au propriétaire, prend la
moitié du grain de chaque céréale. Le propriétaire fournit
aussi le cheptel vif ; le colon a la moitié du croît, soit de
celui qui provient de l'augmentation de la souche du bétail, soit de celui qui est représenté par les ventes annuelles. Sur ces ventes, toutefois, *le propriétaire prélève
une somme qui représente à peu près l'impôt foncier* de
chaque métairie. Cette somme se monte, à Neuvic, à 400 ou
450 francs par domaine. »

Les baux du colonage sont généralement verbaux ; nous
ne pouvions donc, le plus souvent, en préciser les termes
que par les dires des propriétaires ou des métayers, ou par
le dépouillement des comptabilités, quand nous en ren-
contrions. Voici, cependant, un bail écrit, que nous avons
trouvé chez M. Mousnier jeune, propriétaire-agriculteur,
demeurant au village de Larichardie, commune de Vayres ;
il est consenti à trois colons pour une étendue totale de
46 hectares :

« 1° Les preneurs exploiteront le domaine en bons pères
de famille, sans commettre de dégradations ni souffrir qu'il
en soit commis.

« 2° Les fruits, profits, revenus et pertes, seront partagés
et supportés par moitié entre le bailleur et les preneurs ;
la perte même totale du cheptel, survenant d'épizootie ou
de tout autre cas fortuit, sera supportée en commun, les
preneurs déclarant par ces présentes renoncer aux dispositions des articles 1810 et 1827 du Code civil.

« 3° L'achat et les réparations des charrettes, charrues,
herses et autres instruments aratoires perfectionnés, auront
lieu, par moitié, entre le bailleur et les preneurs ; ceux-ci
restent seuls tenus, ainsi que d'usage, de l'achat et de l'entretien des ustensiles aratoires ordinaires.

« 4° Les preneurs paieront au bailleur, *à titre d'abonnement d'impôt foncier*, la somme de 140 francs par an, prélevés sur la part leur revenant dans les premiers revenus qui leur seront faits.

« 5° Les prestations seront acquittées par moitié.

« 6° Les preneurs ne pourront tenir que quatre ou cinq poules ; le bailleur aura droit à la moitié des poulets qu'ils pourront élever.

« 7° Il se serviront pour leur chauffage et l'usage de leur maison du curage des arbres et haies, en se conformant à l'usage des lieux ; ils ne pourront couper à pied, ni par tête, aucun arbre sans le consentement formel du bailleur.

« 8· Le bois nécessaire pour faire sécher les châtaignes, sera acheté en commun entre le bailleur et les preneurs.

« 9° L'abonnement au forgeron pour l'entretien des outils aratoires sera prélevé en commun conformément à l'usage.

« 10° Les preneurs seront quittes de toute contribution aux recouvertures des bâtiments, moyennant 10 francs par an qu'ils payeront au bailleur.

« 11° Ils acquitteront leur part dans l'assurance contre l'incendie, ainsi que leur cote personnelle et mobilière et la taxe de leurs chiens.

« 12° Ils feront gratis les charrois dont le bailleur aura besoin, notamment tous ceux relatifs à l'entretien du domaine ; ils s'obligent à tenir un petit domestique.

« 13° Les cochons gras qui se trouveront dans le domaine au 1er novembre prochain, pourront être distraits du cheptel et gardés par le bailleur, si celui-ci le juge à propos ; dans le cas contraire, les preneurs continueront à les soigner et à les nourrir jusqu'à la vente : à ce moment le bailleur recevra seul le montant de l'estimation qui leur aura été donnée au 1er novembre, et, par suite, la valeur du cheptel sera diminuée d'autant ; le bénéfice qui pourra être fait sur les cochons, du 1er novembre à la vente, sera seul partagé par moitié.

« 14° Il sera employé tous les ans 40 barriques de chaux et 1,500 kilogrammes de phosphate fossile dans les prés ; l'achat de ces amendements sera payé par moitié entre le bailleur et les preneurs; mais si ces derniers venaient à quitter le domaine avant que l'effet de ces amendements se soit produit, il leur en sera tenu compte.

« 15° Les preneurs s'obligent à donner toutes leurs peines et soins à la préparation du foin qui devra recevoir toutes les façons désirables et être engrangé toujours très-sec.

« 16° L'année qui suivra celle de leur sortie, les preneurs, en battant leurs récoltes, devront aider le colon s'y trouvant alors à engranger la paille.

« 17° Le cheptel qui sera confié aux preneurs le 1er novembre sera estimé, et le foin sera pris à la mesure ; les preneurs, lors de leur sortie, devront laisser du tout pareilles valeurs et quantités; le surplus ou le déficit du foin seront payés de part et d'autre à raison de 20 francs les 500 kilogrammes ; la paille est prise sans être mesurée. »

Voici maintenant le résumé des conditions faites à ses six métayers par M. Raymond Barret-Boisbertrand, propriétaire de la terre de Lécanie, sur la commune de Maisonnais, canton de Saint-Mathurin. Les six métairies ont ensemble une étendue de 144 hectares. Nous copions textuellement la déclaration de M. Boisbertrand lui-même :

« Les contrats passés entre le propriétaire et les métayers portent en général que les produits des biens seront partagés par moitié, mais que, *pour indemniser le propriétaire de l'avance des impôts,* il lui sera annuellement payé, par chaque métayer, une redevance qui varie de 80 à 150 francs, selon l'importance du corps d'exploitation ; qu'en outre la couverture des bâtiments et l'entretien des instruments agricoles seront payés par moitié. Par dérogation à la règle, et afin d'encourager ses collaborateurs, le propriétaire de Lécanie a, jusqu'à ce jour, fait les frais de tous les instruments perfectionnés qui ont été introduits sur l'exploitation. »

Sur la propriété de Lavignac, appartenant à M. de Fraissex de Veyvialle, ancien notaire, et située sur le canton de Chalus (arrondissement de Saint-Yrieix), se trouvent cinq métayers pour 144 hectares. Les conditions du colonage partiaire ont été ainsi résumés par le propriétaire :

» Chaque colon partiaire exploite le domaine qui lui est confié, par lui-même avec sa famille et, s'il est besoin, par des gens salariés à ses frais. Il partage avec le propriétaire, tous les fruits naissants ou croissants, à l'exception du produit des bois exclusivement réservés à celui-ci. *Il laisse sur sa part des produits au propriétaire, une certaine somme représentant l'impôt foncier du corps de biens et une partie des frais d'entretien des bâtiments.* Il lui donne, en outre, pour tenir lieu de la part qui doit revenir au propriétaire dans le produit de la volaille, une certaine quantité de poulets et chapons et d'œufs ; ce produit, naguère de faible valeur, ne laisse pas que d'être devenu important depuis ces dernières années et de constituer une grande aisance dans le ménage. Les frais d'entretien des outils aratoires et des charrettes, l'impôt des prestations, l'assurance contre l'incendie, sont supportés par moitié par le propriétaire et le colon. Le propriétaire livre, à chaque colon, un cheptel de bêtes à cornes, brebis, porcs et volailles d'une valeur de 3,000 à 5,000 francs, suivant l'importance du corps de bien ; le croît ou le déficit sont partagés ou supportés par moitié entre les deux parties. Les baux sont annuels ; ils sont indéfiniment continués par tacite reconduction. »

Des conditions analogues sont faites, même par les propriétaires qui n'ont qu'une seule métairie. Nous citerons, comme preuve, le domaine de Cibœuf, situé sur la commune de Glanges, canton de Saint-Germain-les-Belles,

appartenant à M. Chamard. Il a une étendue de 63 hectares,
dont 12 en Châtaigneraies. Il est exploité par un colon qui
le cultive avec sa famille. Les conditions sont les suivantes :

« Tous les produits et tous les achats sont partagés entre
le propriétaire et le colon. Seulement *le propriétaire prélève, avant tout, sur la vente du bétail, la somme de
600 francs pour représenter les charges de la propriété*
Ainsi la vente brute du bétail donnant lieu à une recette de
4,200 francs, le propriétaire prend d'abord 600 francs ; il
reste 3,600 francs à partager, soit 1,800 francs pour le
propriétaire et 1,800 francs pour le colon. Le propriétaire
a la moitié de tous les grains, après prélèvement préalable
des semences pour l'année suivante : cela lui produit de
1,800 francs à 2,400 francs par an. Il faut noter encore
qu'il a pour lui la laine du troupeau, et des redevances en
chapons et œufs ; enfin, sur le domaine, il conserve encore
pour lui ce que peuvent donner cent Pommiers et quinze
cents Chênes qu'il a fait planter. Bref, le domaine de Cibœuf qui ne donnait pas plus de 1,800 francs de revenu en
1854, en fournit un de 5,000 en 1878. »

La citation qui précède est importante, parce qu'elle
indique dans quelle proportion s'est produite dans les pays
à métayage la plus-value du sol. Dans 96 propriétés, plus de
300 métairies, que nous avons visitées en Limousin, durant les années 1876, 1877 et 1878, nous avons constaté
au moins le doublement des revenus depuis 25 ans. Nous
avons également entendu maintes fois les propriétaires reconnaître que la valeur des terres était deux ou trois fois
plus considérable aujourd'hui qu'entre 1850 et 1860.

Aussi, nous le répétons, les exigences des propriétaires.
tendent à diminuer à mesure que leurs revenus s'accrois-
sent. Un grand bienfait a été la suppression de plus en
plus grande des fermiers généraux. Les propriétaires viennent faire leurs affaires eux-mêmes, et alors ils se montrent libéraux envers leurs métayers. M. de Neuville, sur

la terre de Combas, commune de Vicq, canton de Saint-Germain-les-Belles en est un exemple. En effet, en louant le domaine de la Regaudie, d'une contenance de 56 hectares environ, à un colon progressif, M. Ancel Leroux, qui a importé les machines les plus nouvelles, notamment des faucheuses, et qui fait, en outre, l'entreprise du battage dans la contrée avec une machine à vapeur, M. de Neuville a mis dans son bail l'article suivant : « Les contributions de toute nature, ordinaires et extraordinaires, y compris les prestations et primes d'assurances contre l'incendie, grevant ou pouvant grever lesdits domaines, seront acquittées par égales portions. »

Le fait du payement des impôts par les métayers du Limousin avait déjà été signalé plus ou moins directement dans diverses publications. Ainsi, M. Bourne, ancien élève de Grignon, dans son étude agricole sur le canton d'Aixe-sur-Vienne (1), a ainsi caractérisé l'association entre le propriétaire et le colon : « Le propriétaire est le caissier de l'association. Il touche l'argent des ventes de bestiaux ; il paye l'entretien des instruments et les achats d'animaux ou autres ; il avance les impositions et les prestations qu'il retient au colon à la fin de l'année, au moment du partage des valeurs réalisées dans le courant de l'exercice. »

Passons maintenant au Berry et au Bourbonnais.

Nous n'avions pas fait réellement une révélation à la Société, en affirmant que ce n'était pas le propriétaire, mais le colon qui, dans la plupart des pays à métayage, paye l'impôt. Dès 1870, M. Bignon, faisant connaître les améliorations qu'il avait introduites sur son domaine de Theneuille et les nouvelles conditions qu'il faisait à ses métayers, indiquait ainsi qu'il suit les conditions ordinaires du métayage dans le Bourbonnais.

« 1° Tous les fruits naturels seront partagés par moitié entre les preneurs et le bailleur ;

(1) Page 20. — Librairie Masson, 1879.

« 2° Les preneurs garderont avec leurs vaches celles du propriétaire et les reconduiront chaque soir à son domicile ;

« 3° Ils fourniront au propriétaire les charrois dont il aura besoin ;

« 4° Ils donneront, chaque année, au bailleur, dix poulets et 5 kilogrammes de beurre ;

« 5° Ils lui payeront, annuellement, la somme de trois cent trente francs en argent. »

Pour quiconque connaît le Berry et le Bourbonnais (départements de l'Allier, du Cher et de la Nièvre), il ne peut pas y avoir de doute sur ce fait que, dans l'immense majorité des cas, le propriétaire y prélève, avant le partage des produits de la métairie, une somme fixe en argent, connue le plus souvent sous le nom d'*impôt*. Cette somme, très-variable, représente toujours plus que l'impôt foncier ; elle en est souvent le triple et le quadruple. La Société d'agriculture de l'Allier, composée en immense majorité de grands propriétaires, vient de le reconnaître, en janvier 1880, en approuvant le Rapport de M. Talon sur le métayage ; mais il donne le nom de prestation colonique au prélèvement en argent avant tout partage. Ce Rapport s'exprime ainsi : « Les propriétaires justes font payer à leurs métayers une prestation colonique assez faible. A Toury, le prix moyen de cette prestation est de 250 francs pour les domaines de 55 à 65 hectares d'étendue. J'ai entendu parler de métayers soumis à des fermiers, qui payaient à leurs maîtres pour 1,200 francs de charges, et ce, pour des domaines de valeur et d'étendue ordinaires. »

Le propriétaire, en faisant payer, par ses mains, l'impôt foncier, pouvait jouir, sous le régime du cens électoral, des droits d'électeur, tandis que le métayer en était privé.

C'est contre cet usage que M. Bignon a commencé à réagir dans ses baux de métayage dès 1849. Mais, s'il a trouvé beaucoup d'imitateurs dans la réforme qu'il a fait subir aux assolements, il n'a pas réussi aussi bien en ce

qui concerne la suppression de l'impôt. Il n'y a pas encore
aujourd'hui, dans tout le Bourbonnais, plus d'un propriétaire sur dix, qui ait renoncé à percevoir l'impôt sur ses
métayers.

Néanmoins les conditions imposées aux métayers, qui
gardaient les traces de l'ancien servage, commencent à
disparaître. Mais des baux rédigés il y a vingt-cinq ou
trente ans, contiennent encore des clauses telles que les
suivantes :

« A. — Le preneur laissera le bailleur prélever, avant
tout partage, la onzième portion des gros grains.

« Le preneur sera tenu de fournir au bailleur, pendant
le mois de mars, trois journées de travail pour lesquelles il
recevra en échange *sa nourriture seulement.*

« Il sera tenu de fournir à sa demande douze poulets,
quatre chapons bons, gras, vifs et recevables et, en outre,
cent vingt œufs frais.

« B. — Les preneurs fourniront au bailleur les œufs,
volailles, *légumes* et le beurre dont il aura besoin,—quand
il sera au domaine *seul* ou en *compagnie, ils feront la cui-
sine* et lui *serviront de domestiques.*

« Ils devront *loger, nourrir, héberger* et *soigner* pendant leur séjour au domaine le cheval du bailleur et ceux
des *personnes* qui *l'accompagneront.*

« C. — Le bailleur se réserve la faculté, lui et les siens,
de chasser avec chiens dans les Sarrasins et les prairies. »

Si les métayers ne sont plus généralement tenus aujour-
d'hui dans le même état de domesticité qu'autrefois, ils
sont encore parfaitement astreints à une redevance fixe en
argent destinée à payer les impôts, et bien au-delà. Voici,
en effet, l'extrait d'une lettre datée du 24 février 1880,
d'un notaire de Cérilly (Allier) :

« 1· Il est encore d'usage *constant*, dans notre contrée,

de stipuler dans les baux à moitié fruits, une redevance en argent par le métayer au profit du propriétaire ou du fermier. Cette redevance à laquelle on donne la qualification d'impôt ou de rétribution colonique, se prélève ordinairement sur la moitié revenant au métayer dans les profits de bestiaux réalisés pendant l'année écoulée.

« Elle paraît destinée à faire face au payement des impôts de la propriété, au loyer de la maison habitée par le colon partiaire et sa famille et aux menus produits que ce dernier obtient exclusivement ou à peu près dans le jardin, les Pommes de terre employées à la nourriture de sa famille, le laitage, le beurre, les œufs et la volaille, etc.

« 2° Cette redevance varie beaucoup ; elle est proportionnellement plus élevée pour une petite propriété que pour une grande; en général, elle est plus lourde de la part des fermiers à prix d'argent, que de celle des propriétaires.

« 3° Je crois être à peu près dans la vérité en évaluant cette rétribution à 7 fr. 50 c. l'hectare, en moyenne, pour les exploitations de 50 à 70 hectares et à 10 fr. environ, pour les propriétés de 20 à 50 hectares. »

Une lettre d'un notaire de Bourbon-l'Archambault, portant la même date que la précédente, fournit les renseignements suivants :

« Il est toujours d'usage de stipuler dans les baux à moitié fruits une redevance en argent à la charge du laboureur, dénommée sous le nom d'impôt colonique. Cette redevance varie entre 800 francs et 1,200 francs. Voici celles qui sont fixées pour les baux des propriétés que vous connaissez :

« Domaine de l'Hôpital de 50 hectares, 800 francs.

« Domaine de Neursoire, de 70 à 74 hect., 1,100 fr.

« Domaine des Mouillères, près de Bourbon, de 55 hectares, 1,000 francs, à cause de sa proximité de la ville.

« Domaine des Barons appartenant à M. Étienne Desbordes, 900 fr.

« Le domaine de Champolaire se paye jusqu'à **1,200** fr.
à cause de ses prés.

« Cette redevance varie aussi suivant les contenances
en pré. Un domaine, dans lequel l'élevage des bestiaux
peut se faire, paye plus cher d'impôt colonique. »

Une lettre du syndic de la Chambre des notaires de Montluçon fournit des renseignements analogues aux précédents.
Elle constate, en outre, que les propriétaires progressifs de
l'arrondisement ont réduit à la valeur stricte des contributions, la redevance en argent exigée des métayers. Sous l'influence de la meilleure situation faite aux colons, de l'emploi des amendements calcaires, de l'augmentation des prés
et de l'usage d'un meilleur assolement, le produit de la terre
a augmenté, et la valeur de la propriété a doublé à peu près
depuis vingt ans.

Si nous allons maintenant en Auvergne et dans les autres
contrées à colonage partiaire du centre, nous pouvons
prendre acte de faits analogues. Nous avons constaté dans
le Cantal, par exemple, que les métayers payent au moins
la moitié des impôts, et que le plus généralement ils ac-
quittent envers les propriétaires une redevance en argent.
Il n'est pas toujours facile en l'absence de baux écrits, de
pouvoir faire avouer de pareils faits, surtout lorsque les
métayers se trouvent en présence des propriétaires. Mais
résulte de toutes les constatations que nous avons faites
dans les conversations avec les colons et dans l'examen des
comptabilités des maîtres que le paiement de la redevance
en argent avant tout partage des produits est indéniable.
Nous avons retrouvé les mêmes choses dans les cahiers de
l'enquête de 1866, que nous avons pu nous procurer et
dont nous regrettons qu'on n'ait pas fait la publication
(notamment le cahier du canton de Maurs).

Il faut espérer qu'après de telles preuves, on reconnaîtra que c'est bien, en général, sur le métayer que retombent toutes les charges de la propriété, ce qui n'empêche pas toutefois que les colons sont dans une situation morale, sociale et matérielle qui s'améliore chaque jour.

Dans les derniers temps de l'empire romain et au moyen âge, les colons laboureurs étaient attachés au sol, leur personne n'étant pas libre. Peu à peu la transformation s'est faite. Durant le siècle dernier, les métayers étaient encore dans le servage; pendant la première moitié de ce siècle ils étaient réduits, nous venons de le démontrer, à l'état de domesticité; depuis 1850, ils s'elèvent de plus en plus à la position d'associés des propriétaires, et ils deviennent ainsi d'excellents agents pour accroître et assurer la prospérité de l'agriculture française.

TABLE DES MATIÈRES DU DEUXIÈME FASCICULE

17

PARIS.—IMPRIMERIE DE Mme Ve BOUCHARD-HUZARD, RUE DE L'ÉPERON, 5:
JULES TREMBLAY, GENDRE ET SUCCESSEUR.